口絵1「越後国荒河保上土河・奥山荘桑柄堺相論和与絵図」（1292（正応5）年頃，国立歴史民俗博物館蔵（複製），原品は新潟県立歴史博物館蔵）2章(p.7)

口絵2「若狭敦賀之絵図」（1647～49（正保5～慶安2）年頃，小浜市立図書館酒井家文庫蔵）3章(p.9)

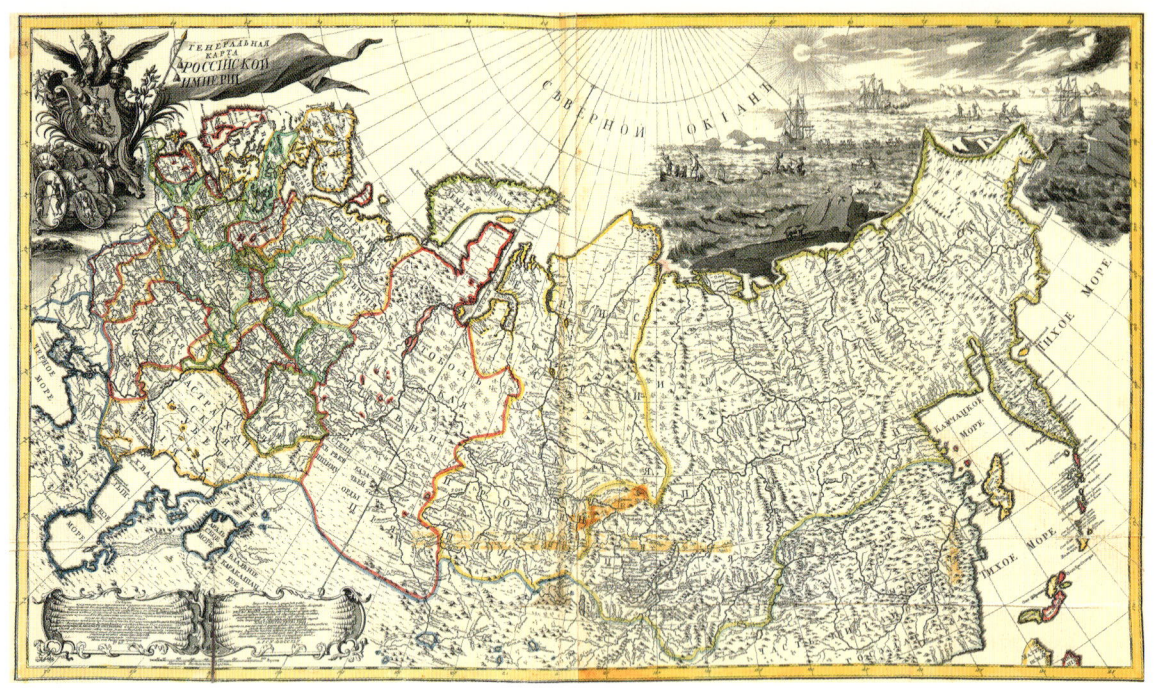

口絵3 「ロシア帝国総図」(1745年, 明治大学図書館蔵) 9章(p.30)

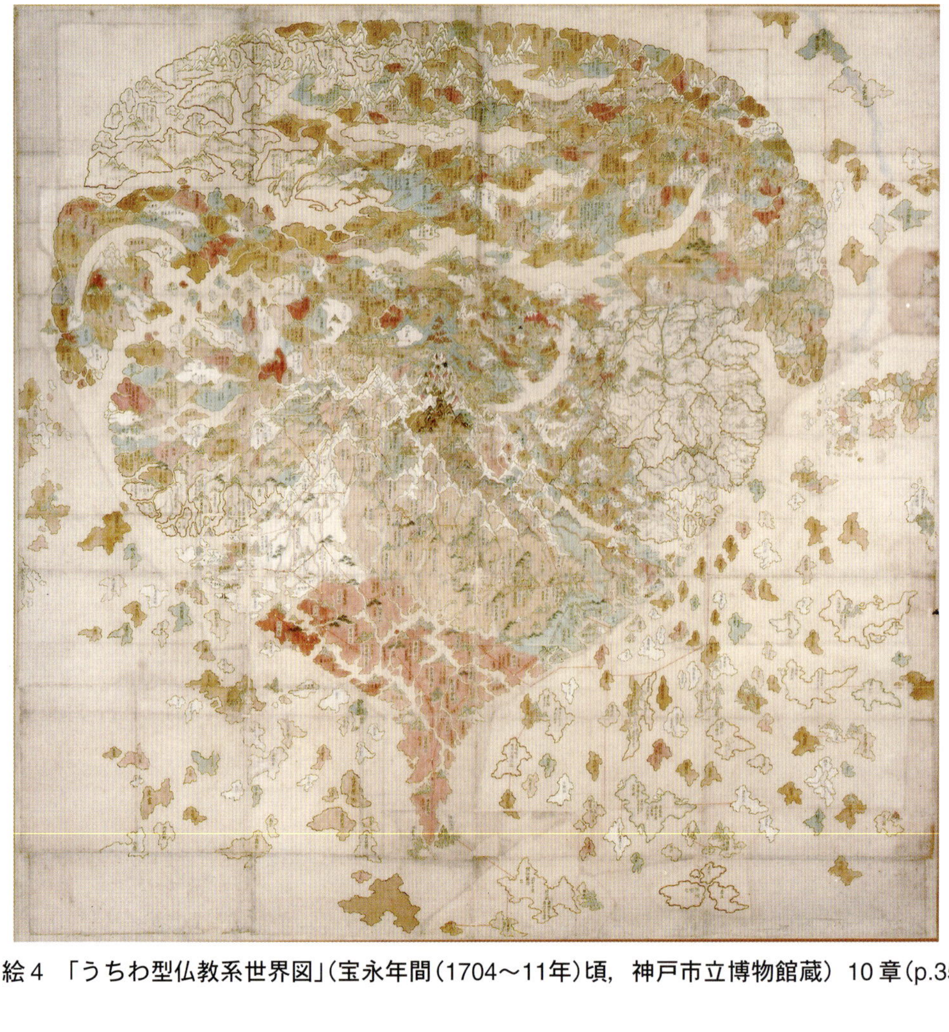

口絵4 「うちわ型仏教系世界図」(宝永年間(1704〜11年)頃, 神戸市立博物館蔵) 10章(p.35)

口絵5 「施無畏寺境内絵図」
（室町時代？, 施無畏寺蔵）13章（p.43）

口絵6 「ヘリフォード図」
（1290年頃, ヘリフォード大聖堂蔵）
17章（p.57）

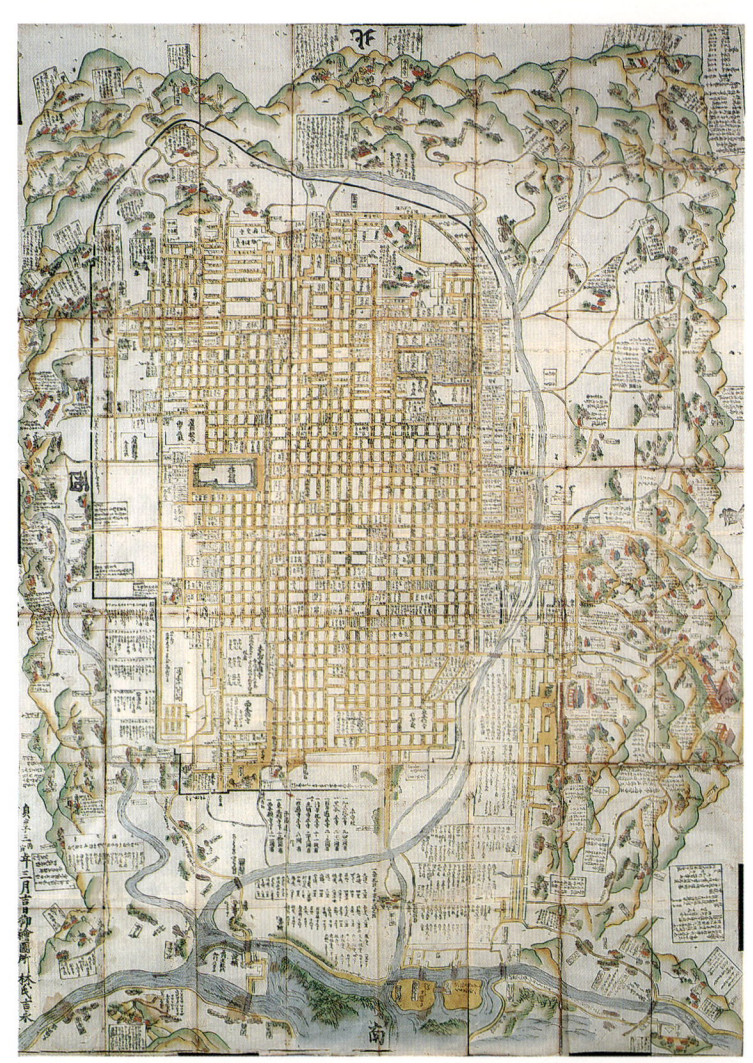

口絵7 「新撰増補京大絵図」
（林吉永，1686（貞享3）年，神戸市立博物館蔵）
21章(p.71)

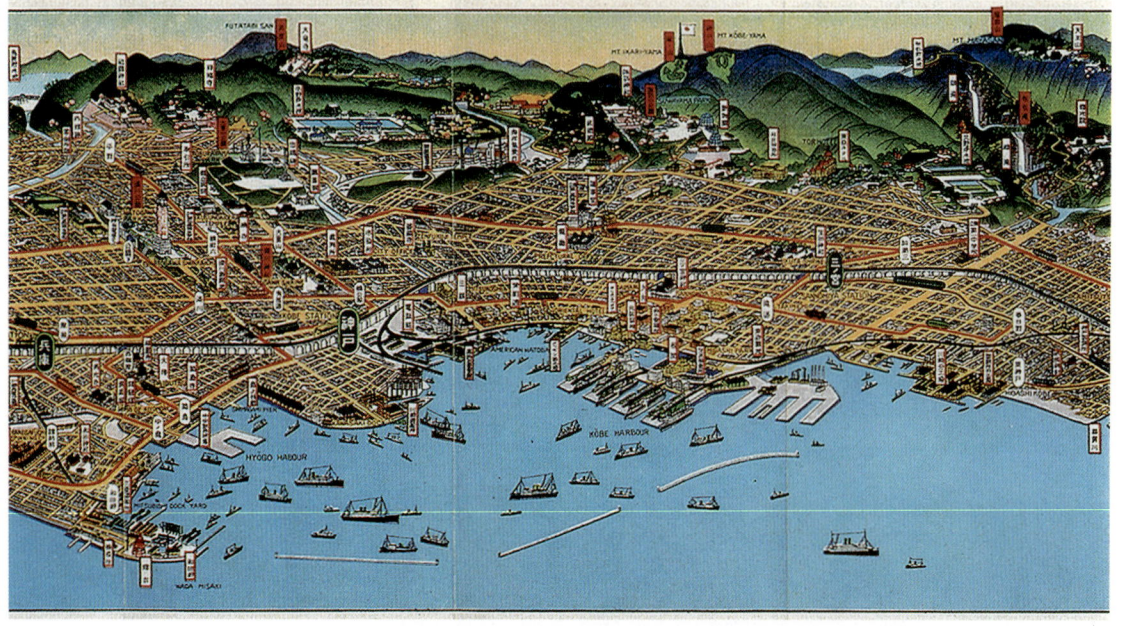

口絵8 「大神戸市を中心とせる名所鳥瞰図絵（部分）」
（吉田初三郎，1930（昭和5）年，神戸市立博物館蔵）24章(p.81)

地図の思想

長谷川孝治

編著

朝倉書店

編著者

長谷川孝治（はせがわこうじ）　神戸大学文学部

執筆者

青山宏夫（あおやまひろお）　国立歴史民俗博物館	松本博之（まつもとひろゆき）　奈良女子大学文学部
渡邊秀一（わたなべひでかず）　佛教大学文学部	髙橋　正（たかはしただし）　大阪大学名誉教授
上原秀明（うえはらひであき）　専修大学文学部	出田和久（いでたかずひさ）　奈良女子大学文学部
于　亜（うあ）　神戸大学大学院文化学研究科（院生）	福島克彦（ふくしまかつひこ）　大山崎町歴史資料館
澁谷鎮明（しぶやしずあき）　中部大学国際関係学部	山村亜希（やまむらあき）　愛知県立大学文学部
野間晴雄（のまはるお）　関西大学文学部	小野田一幸（おのだかずゆき）　神戸市立博物館
山田志乃布（やまだしのぶ）　法政大学文学部	山近博義（やまちかひろよし）　大阪教育大学教育学部
三好唯義（みよしただよし）　神戸市立小磯記念美術館	米家泰作（こめいえたいさく）　京都大学大学院文学研究科
川合泰代（かわいやすよ）　群馬大学・明治学院大学（非常勤）	濱田琢司（はまだたくじ）　神戸大学文学部（非常勤）
伊藤寿和（いとうとしかず）　日本女子大学文学部	松田敦志（まつだあつし）　神戸大学大学院文化学研究科（院生）
福原敏男（ふくはらとしお）　日本女子大学人間社会学部	夛田祐子（ただゆうこ）　大阪市立都島工業高等学校
天野太郎（あまのたろう）　同志社女子大学現代社会学部	

（執筆順）

は じ め に

　21世紀初頭の今日，急激な世界の変転の中で諸科学とりわけ人文学は，新しい自画像の創出に向けた変身の苦しみに喘いでいるかのようにみえる．1980年以降，進化主義や欧米中心主義からの脱却を宣言してパラダイム転換を遂げた地図史研究も，1990年代以降は方法論の探求や思索的な議論よりむしろ旧来の書誌的・系譜的研究へ反転し，また地図のデジタルベース化という情報収集などに関心を集中させるという様相を呈してきた．グローバルな情報化の潮流にあっては，地図史研究も奔流に逆らうよりもむしろその中に安住する道を選んできたのかもしれない．2005年7月にハンガリーのブダペストで開催された第21回国際地図史学会（International Conference on the History of Cartography）において，前年に急逝したD. ウッドワード（David Woodward）を悼むと同時に，彼と故J. B. ハーリー（J. Brian Harley）が主導してきた国際的地図史出版物である"The History of Cartography"のシリーズを，第4巻（啓蒙時代のヨーロッパ地図史）以降は従来の地域別・テーマ的記述からエンサイクロペディア風に構成を大きく改変することが報告されていた．近代以降の情報量の肥大化に伴う処置という説明であったが，細分化された膨大な情報量の前に佇むだけの斯学にどのような未来が待ち受けているのか，という不安も会場の一隅に漂っていた．

　こうした世界および日本における閉塞感を打破するひとつの試みとして，2000年5月に「地図史フォーラム in 神戸」という研究会組織を立ち上げ，"21世紀の地図史研究の展望に向けて"をスローガンに中堅・若手研究者を中心に年2回の研究会を定期的に開催してきた．これには第一義的に，日本における地図史研究の継承的発展という意味が込められていたが，単にフォーラムでの議論に終始するだけではなく，その成果の一端を社会的に問うために誕生したのが本書である．ただ，フォーラムの報告，議論を網羅することは不可能であるため，各執筆者の先端的研究のダイジェスト版となっていることを理解していただければ幸いである．また大量の地図情報の氾濫に抗して，一枚の地図をより思索的に考察することを念頭に，あえて書名を『地図の思想』と題した次第である．

　こうした経緯から，本書はできるだけわかりやすく，しかも視覚的な形式で，その教育・研究素材を提供することを最大の目的とした．大学での講義・研究に用いうると同時に，ひろく一般の人々の関心にも沿うよう，多様な地図を選択し，そこに描かれている意味を政治的，宗教的，社会的コンテクストから解

明するような説明を付した．もとよりすべての地図はこれら3つのコンテクストを重層的に内包しているといえるが，本書では対象とする個々の地図のひとつの層に焦点をあて，かつその周辺の層にも自由に踏み込んで解読することに努めた．これによって各時代の地理的認識の広がりや，地図的文法の解明，さらにはツールとしての地図のパワー，などを概観してもらうことを目指している．

以上のような視点から，本書の基本的な編集方針は，以下のごとくとした．

① 地図の本質を，一方では外的世界（環境）と内的世界（精神）の媒介・交流のためのツールとして，他方では作成者と受容者のコミュニケーション手段としてとらえ，対象地図を解読する．

② さまざまな地図を，とりわけ政治的・宗教的・社会的コンテクストで解明すること重視する．したがって，作成者の意図などを求心的に探求するだけではなく，社会的流布の構造や受容者の意識なども遠心的に究明する．

③ 単なる復元資料としての地図の説明や，現代地図との精度の対比は避け，地図そのものの表現文法（ランガージュ）や構造（イコノロジー）など，地図そのものに即した分析を重視する．

④ 大学教養科目用の教科書だけではなく，教職科目用（地理学，地誌）および専門科目（地図学，歴史地理学など）の専門書として堪えうるような質を維持する．ただ教養科目用を主目的とする関係で，平易な記述を採用する．

すべての章がこれらの指針に従っているかは心もとないが，地図史研究の多元性と執筆者の個性を生かすためには，あえて無理な統一は図らなかった．これを出発点として，フォーラムでの議論をさらに深化させると同時に，真の"地図思想"の構築に向けての思索をつづけていきたい．

困難な状況の中で本書の出版をご快諾いただいた朝倉書店には感謝を捧げたい．また編集，校正の過程では神戸大学文学部非常勤講師の濱田琢司氏，神戸大学大学院文化学研究科院生の松田敦志，阪野祐介，相澤亮太郎各氏の協力を得た．記して感謝したい．

2005年8月

編者　長谷川孝治

目　　次

Ⅰ．地図と政治 ―――――――――――――――――――――――― 1
　　1．近世以前の日本図　―描かれた国土―　2
　　2．中世日本の荘園絵図　―荘園の成立と対立―　6
　　3．「国」への視線　―場所から空間へ―　8
　　4．国絵図から日本総図へ　12
　　5．外邦図　―ミラージュの地図―　16
　　6．中国における領域の表出　―放馬灘図から禹跡図へ―　18
　　7．朝鮮全図・郡縣地図に見る山の表現と自然観　20
　　8．インドシナ半島図　―辺境から近代国境の確定へ―　24
　　9．ロシア帝国と地図帳　―『シベリア地図帳』から『ロシア地図帳』へ―　28

Ⅱ．地図と宗教 ―――――――――――――――――――――――― 31
　　10．仏教系世界図の展開　32
　　11．人々に信仰された地図　―「春日宮曼荼羅」―　36
　　12．建長寺正統庵領「武蔵国鶴見寺尾郷図」に描かれた景観と音を読む　38
　　13．参詣曼荼羅　―勧進聖の絵解き地図―　42
　　14．寺内町絵図の世界　46
　　15．アボリジニの大地　―意味のタペストリー―　48
　　16．中世イスラーム世界図　―アル・イドリーシー図を中心に―　52
　　17．聖書的世界観の転回　56

Ⅲ．地図と社会 ―――――――――――――――――――――――― 59
　　18．古代荘園図にみる景観と開発　60
　　19．「天橋立図」と丹後府中　64
　　20．描かれた中世都市　―都市の記憶―　66
　　21．三都の刊行都市図　―都市の変貌を映す鏡―　70
　　22．名所図会に描かれた風景　72
　　23．近代日本図の原点　―伊能図―　74
　　24．都市景観を描く　―絵のような地図―　78
　　25．植民地における森林資源の地図化　―「朝鮮林野分布図」―　82

26. 伝統文化の発見と表象　―「日本民芸地図屛風」― 84
27. 郊外の表象　―郊外住宅地プラン図― 86
28. 古代世界像の完成とそのルネサンスにおける復活 88
29. 海上からの視点　―ポルトラーノ型海図― 92
30. 「坤輿万国全図」　―東西の出会い― 94
31. 都市の表象　―ルネサンスと都市景観図― 96
32. 近代アトラスの思想　―メルカトル『アトラス』の意味― 100

参考文献 103
索　引 107

第Ⅰ部 地図と政治

■「……その帝国では地図作成術が完成の域に達したので，ひとつの州の地図がひとつの都市の大きさとなり，帝国全体の地図はひとつの州全体の大きさとなった．時の経過とともに，……帝国の地図は帝国そのものと同じ大きさになり，細部に至るまで帝国と一致するに至った．」

■この「学問の厳格さ」と題されるJ. L. ボルヘスの"寓話"は，さまざまに引用されてきたが，地図の有する政治性，あるいは逆に政治に先行する地図の意味を端的に表出していると解釈することも可能であろう．

■こうした意味で，すべての地図は作成サイドから見れば政治的であるといえる．すなわちあらゆる地図にはイデオロギーや，権威・

権力，統治・支配，軍事などの「政治的」意図が，公的あるいは私的に，意識的ないしは無意識的に描出されているからである．

■第Ⅰ部は，より明確に政治性が刻印された日本作成図の5章と外国作成図の4章から構成されているが，スケール的には，荘園図，国絵図，放馬灘図のようなローカルなものから，それらを編集した行基図，日本総図，大東輿地図，ロシア帝国図というナショナルなレベル，さらに外邦図，インドシナ半島図のようなグローバルを意識した図までを含んでいる．またテーマ的には，支配の主張である荘園図や，帝国主義・植民地主義を標榜する外邦図もあるが，国絵図のように，概して多元的な政治意図を内包しているものが多い．また社会への流布過程で，政治性が希薄化した行基図のような事例もみられる．

■上図は，中国・明代の木版図「古今形勝之図」(1555年)であるが，さまざまな政治的コンテクストで解読できる．「禹跡図」の裏面に刻まれた「華夷図」と同じく，中国を中心としながらも，東は朝鮮半島，日本，西はパミールや星宿湖 (ロブノル)，南はジャワ，スマトラ，北は万里の長城以北まで，といった周辺地域を含め，伝統的中華イデオロギーを魚眼レンズ風に描出している．しかし中国そのものに関しては，応天府 (南京) と順天府 (北京) の2首都および13省を区画する明代行政図の形式をとっている．この図はフィリピン総督の手によって1574年にスペイン国王フェリペ2世に献上され，西洋にもたらされた最初の「中国図」となったが，フェリペには彼の「太陽の沈まぬ帝国」の視圏内と映じたことであろう．

〔長谷川孝治〕

1. 近世以前の日本図
― 描かれた国土 ―

近世以前の日本図の展開

　日本列島の全域ないし大部分を描いた地図いわゆる日本図が，最初に作られた時期については明らかではないが，7〜8世紀にたびたび命じられた国郡図の作成が実施されていたとすれば，それらの図から日本全図を編集することは必ずしも不可能ではない．7世紀にはほぼ五畿七道制が成立し，8世紀に各国で『風土記』編纂が進むことからすれば，日本列島の空間認識も，ある程度形成されていたとみることができる．しかし，その当時の日本図は残されていない．

　では，現存最古の日本図はいつのものだろうか．それは，西日本の一部を欠くものの，本州以南を描く仁和寺蔵日本図（**図1**）である．その奥書には，1305（嘉元3）年の書写と記される．図を見ると，① 日本列島が東西にまっすぐに延び，② 海岸線は大きな半島や湾入は示されるものの円滑な曲線であるために細部までは描かれず，③ 各国も円滑な曲線でその概形が示され，④ 都のある山城国から五畿七道ごとに各国を連ねて朱線が引かれている，という特徴をみとめることができる．

　こうした特徴をもつ日本図は，しばしば行基図と呼ばれる．それは，この図の奥書にも「行基菩薩御作」と記されているように，奈良時代の高僧行基（668-749年）の作と伝えられていることによる．しかし，行基が日本図を作製したことを示す史料は残されておらず，通説では後世の行基信仰に基づいて行基に仮託されたものと考えられている．

　この仁和寺蔵日本図と同時代の図としては，金沢文庫蔵日本図や，1560（永禄3）年の写本だが原図が鎌倉後期とされる妙本寺蔵日本図がある．また，それ以降の図としては，国内では1548（天文17）年と1589（天正17）年にそれぞれ書写された『拾芥抄』所載日本図や，16世紀中頃の「南瞻部洲大日本国正統図」（唐招提寺蔵）が知られる．さらに，18世紀の写本だが古態の日本列島が描かれた「延暦二十四年改定」と伝えられる輿地図（**図2**）もある．これらの図は，日本が簡略な1島のみで描かれる妙本寺蔵日本図をのぞけば，仁和寺蔵日本図でみた特徴を備えたものが多い．このほか，近世初期に作られた日本図のなかには，こうした特徴をもつものがあり（**図3**），それらもその内容からみれば中世日本図ということができよう．

中世日本図の構造

　ところで，日本の国土は，四至すなわち東西南北の4つの限界点によって，その拡がりがとらえられていた．たとえば，10世紀の『延喜式』では，東は陸奥，西は遠値嘉，南は土佐，北は佐渡が限界点となっている．これを見ると，明らかに国土が東西に長いものとしてとらえられていることがわかる．こうした空間認識が中世日本図における日本の形態と軌を一にするものであることはいうまでもないが，そこに記載された文字注記をみても，東西の距離で国土の大きさが記されている．

　また，中世日本図は表現範囲からみると2つに分けることができる．1つは，**図2**のように，日本とその周辺の島々のみの図，もう1つは，**図3**のように，周囲に異域や異界をも描く図である．異域とは高麗や琉球などの実在するが日本ではない土地，異界とは，かりのみち（雁道）や羅刹国のような架空の土地のことで，夷島を意味する東夷東嶋や伊々嶋などもそうした要素をもつ．このような日本図では，これらの異域や異界が図のもっとも外側におかれて地の果てとなることで，国土を中心とする完結した小宇宙が形成されていたとみることができる．中世日本図のなかの空間は，求心的な構造をもっていたのである．

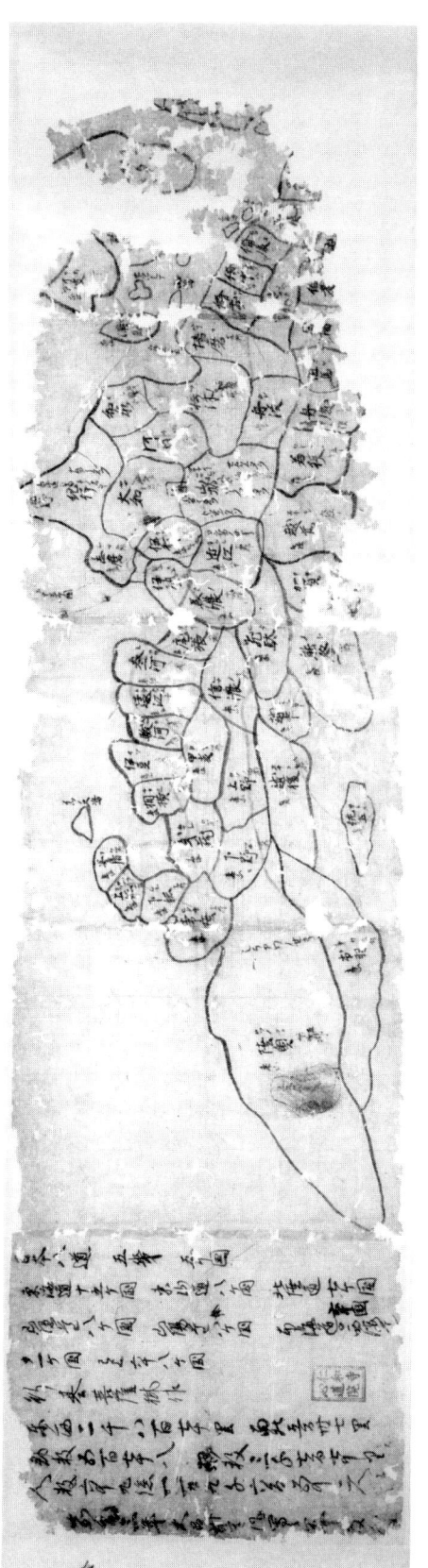

図 1 仁和寺蔵日本図 (1305 (嘉元 3) 年, 34.1×121 cm, 仁和寺蔵)

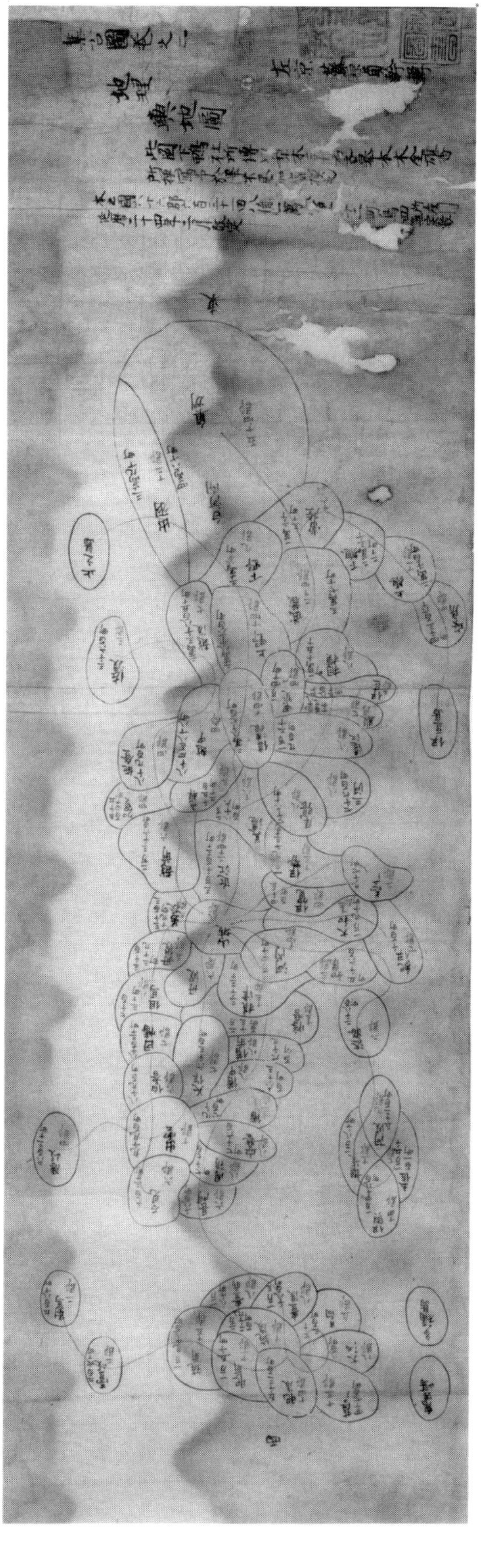

図 2 延暦二十四年改定輿地図 (藤貞幹『集古図』) (18 世紀), 28×50 cm, 国立歴史民俗博物館蔵)

1. 近世以前の日本図

海外への影響

　中世日本図のなかには，海外に伝えられて地図作成に影響を及ぼしたものもある．たとえば，朝鮮で1402年に作製された「混一疆理歴代国都之図」(龍谷大学蔵など)は中国の世界図に朝鮮半島と日本列島を加えて作られたものだが，後者は日本から伝わった中世日本図によっている．また，16世紀の明代の中国では倭寇対策として日本研究が盛んであったが，その1つで日本にも滞在したことのある鄭舜功の『日本一鑑』には，「中国東海外藩籬日本行基図」が掲載されている．その名からもわかるように，これは明らかに日本製の中世日本図に典拠がある．

　さらに，16世紀末にはヨーロッパにも伝わった．現在，イタリアのフィレンツェには中世日本図の写本が残されている．また，ポルトガル人テイセラも日本図を作った．これは，オルテリウスの地図帳『世界劇場』(1595年版)に日本単独の図として初めて掲載された．

　一方，16世紀後半の日本では，キリスト教宣教師などのヨーロッパの人々も活動していたが，その1人イナッシオ・モレイラは16世紀末の日本に滞在し，地理情報の収集と独自の観測などによって，新しい日本図を作成した．短期間の滞在で制約の多いなかにあっては，既存の伝統的な中世日本図も利用されたにちがいない．その後，この日本図はヨーロッパに伝わり，モレイラ系日本図という日本図の1系統を形成することになる．

日本図の近世へ

　こうした16世紀末における日本図の変化は，国内の地図にもみることができる．たとえば，浄得寺蔵日本図屏風などはその例で，本州東部の北への立ち上がりや，西日本における詳細な海岸線など，従来の日本図とは異なる特徴をもっている．

　さらに，17世紀にはいると日本図に決定的な変化があらわれる．それは，全国制覇を達成した江戸幕府が，国家支配のために国土の実状を把握する必要から，諸大名に命じて各国の国絵図を作成させ，さらにそれらを編集して日本総図を作ったことである(3,4章参照)．いわゆる江戸幕府撰国絵図の作成と同日本絵図の編纂である．この事業は，日本総図の場合，17世紀中頃までに少なくとも2回—正保以前日本図と正保日本図—行われているが，それらは実測図ではないものの，各国の詳細な調査に基づく国絵図からの編集であるため，日本列島の形態が巧みにとらえられている．

　こうして作成された日本図は，当初は幕府の文庫に保管されていたが，新たな図が作成されるなどすると，しだいに庫外にも写し伝えられるようになる．たとえば，正保日本図の完成した17世紀中頃には，それ以前の日本図をもとにした図もあらわれる．1661(寛文元)年刊日本図(図4)は，そうした図のうちでももっとも早くに刊行されたものの1つで，本州東部の北への立ち上がりや現実味のある海岸線などのほか，国境や地名などの地誌的事項にも現実性がみとめられる．周囲にあった架空の土地などはもちろんない．こうして，17世紀以降，日本図の近世化が進行していくのである．

〔青山宏夫〕

文　献

秋岡武次郎(1955)：日本地図史，河出書房(1997年ミュージアム図書より復刻)．
織田武雄(1974)：地図の歴史—日本篇—，講談社現代新書．
室賀信夫 (1983)：古地図抄，東海大学出版会．
青山宏夫 (1992)：雁道考—その日本図における意義を中心にして—．人文地理，44巻5号，pp. 21-41．
海野一隆(1999)：地図にみる日本—倭国・ジパング・大日本—，大修館書店．
三好唯義・小野田一幸 (2004)：図説 日本古地図コレクション，河出書房新社．

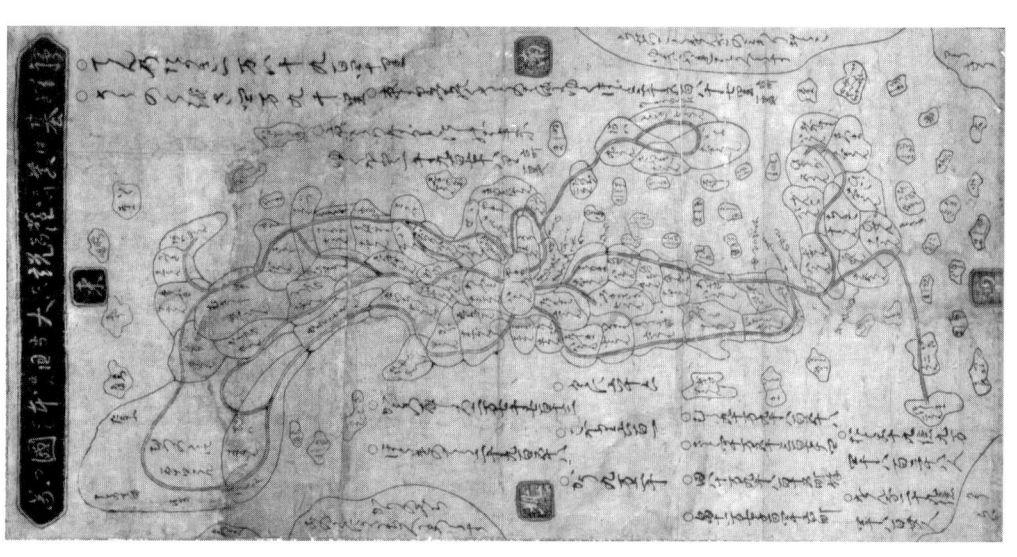

図4 寛文元年刊日本図（1661（寛文元）年，36×35 cm，国立歴史民俗博物館蔵）

図3 行基菩薩説大日本国図（17世紀後半，82×41 cm，国立歴史民俗博物館蔵）

2. 中世日本の荘園絵図
―荘園の成立と対立―

中世荘園絵図の分類

　中世日本の荘園では多くの絵図が作成された．それらは，荘園の成立や支配，内外との対立と和解など，それぞれの荘園が直面したさまざまな政治的事情のなかで，必要に応じて作成されたものである．これらの絵図は，荘園制の歴史的展開と関連させて，立券絵図，相論絵図，荘園支配関係絵図の３つに分類されている．以下では，そのうちの立券絵図と相論絵図について考えてみよう．

備中国足守荘絵図 ――立券絵図

　足守荘（あしもりのしょう）は，現在の岡山市足守付近に成立した荘園で，古代の備中国府にも近いため条里地割が早くから施行されていた．概念的ではあるが，この絵図にも方格線によってその地割が描かれている．

　この絵図の裏書をみると，「庄官」，「国使」，「御使」などの署判とともに「嘉応元年」と記されていることに気づく．したがって，この図は1169（嘉応元）年に作成された．足守荘は，1184（寿永3）年には後白河院から神護寺へ寄進されていることが知られるので，この絵図はそれ以前，後白河院への寄進のときに作られたものと考えられる．

　絵図には，その４隅に荘域を示す牓示が黒丸で，上辺中央やや右に補助的標示の脇牓示が半黒丸で描かれている．これらの牓示（艮・巽・坤・乾）は，荘域の東・西・南・北の境界線（四至）の交点にあたり，荘域が四至と牓示からなる四角形でとらえられていることがわかる．立荘の際には，こうした四角形によって一定の領域を設定することが広く行われており，こうした構造をもつ四至牓示図がしばしば作成されたのである．

越後国荒河保上土河・奥山荘桑柄堺相論和与絵図 ――相論絵図

　荒河保（あらかわのほ）と奥山荘（おくやまのしょう）は，越後国（えちごのくに）（現在の新潟県）北部を西流する荒川の両岸に位置する．この絵図が描くのは，その荒川に合流する左支流の鍬江沢川―絵図では「切出河」―の谷底平野を中心とする一画である．

　絵図のほぼ中央には，「土澤」から谷底平野を横断して水路に至り，南北に走る道をわずかに北上して再び西折して切出河に至る朱線が引かれている．この朱線は，その左側の荒河保上土河（かみつちかわ）と右側の奥山荘桑柄とのあいだで起こった境界争いにおいて和解した「和与境」である．この朱線には２ヶ所に執権北条貞時と連署大仏宣時の花押が対になってすえられており，この和与を鎌倉幕府が承認したこともわかる．

　この絵図は，その和与境を示すことが作成目的であるため，それが現地においてどこを通るかが明確になるように描かれている．「土澤」や南北に走る道路，さらには水路脇の梯子状施設―おそらく灌漑施設―では，それぞれの中央を通るように注意深く引かれているし，「紀藤入道」北側の微妙なカーブにも注目すべきであろう．このように，絵図は空間的な属性を記録するのに適しているため，境相論の際に作成されることが多かった．

〔青山宏夫〕

文　献

青山宏夫(1997)：備中国足守荘絵図．中世荘園絵図大成　第一部（小山靖憲・下坂　守・吉田敏弘編），河出書房新社．

青山宏夫(1997)：越後国荒河保上土河・奥山荘桑柄堺相論和与絵図．中世荘園絵図大成　第一部（小山靖憲・下坂　守・吉田敏弘編），河出書房新社．

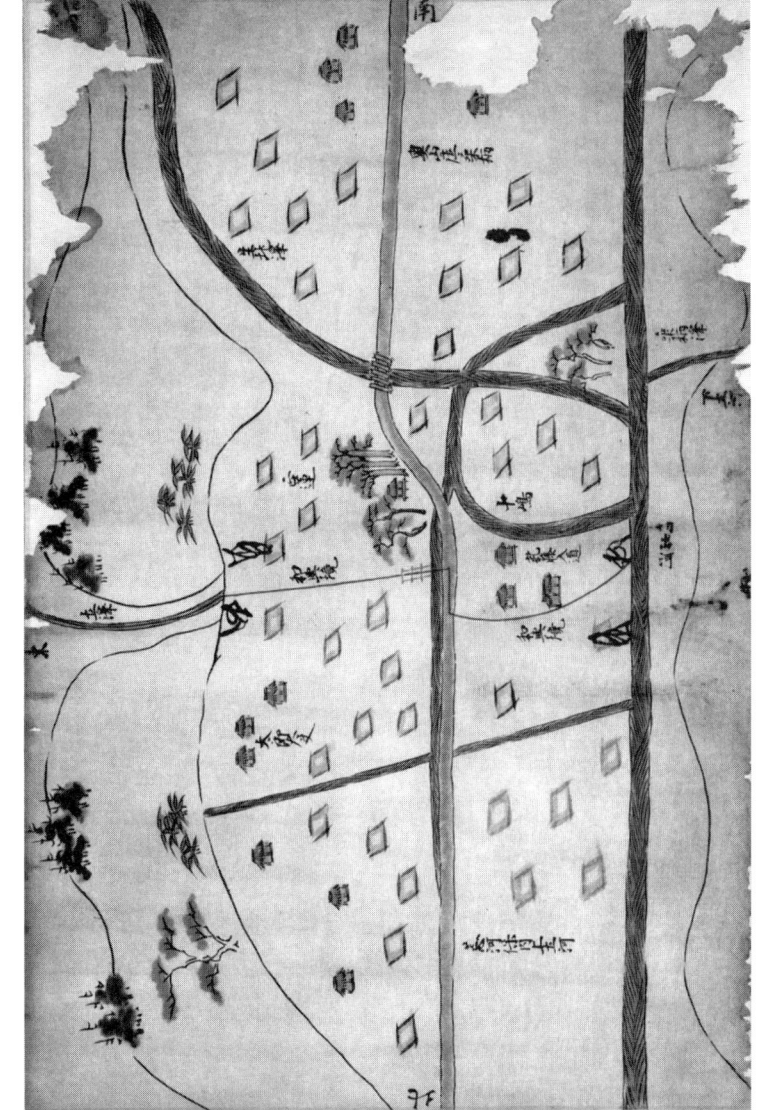

図2 越後国荒河保上土河・奥山荘桑柄堺相論和与絵図（1292（正応5）年頃，34×51 cm，国立歴史民俗博物館蔵（複製），原品は新潟県立歴史博物館蔵）

図1 備中国足守庄絵図（1169（嘉応元）年，157×85 cm，国立歴史民俗博物館蔵（複製），原品は神護寺蔵）

2．中世日本の荘園絵図　　7

3.「国」への視線
―場所から空間へ―

国絵図の作成と記載内容

　国絵図とは，国状を把握するために律令的遺制としての「国」を単位に作成された近世絵図である．最初の国絵図は1591（天正19）年に豊臣秀吉が作成を命じた郡単図であるが，絵図は残っておらず，現存最古の国絵図は1604（慶長9）年作成の慶長図である．以後，徳川幕府は1644（正保元）年（明暦大火により消失，寛文年間に再提出），1697（元禄10）年，1835（天保6）年に国絵図改訂を指示した．このほか，江戸幕府は1616～1621（元和2～7）年，1638（寛永15）年に国絵図の提出を求めているが，これらも含めて江戸幕府による国絵図作成事業ととらえることができる．

　正保図・元禄図の作成で幕府は国ごとに担当大名（絵図元）を指名して国絵図の作成・献納を命じ，絵図の内容・様式を統一するための総則的な作成基準を示した．正保図作成基準の要点は，①城郭の規模，侍町・町屋の道路網や間数を記した城絵図を作成すること，②道筋の縮尺は6寸1里（約1：21,600）とすること，③絵図中に各村高を記載し，郡単位で集計すること（郡付を記すこと），④道筋は本道を朱太線，脇道を朱細線で記すこと，⑤河川や街道に渡河方法や難所，国境道法などの注記を付けることなどである（図1）．元禄図では正保絵図の①を削除し，国境注記を加えるなど主要項目の加除を若干行っている．その他の細かな点は幕府国絵図担当の奉行以下絵図役人との交渉の中で指示され，先述③を例にとれば，村形内に村名と石切で村高を記載し，郡界線は墨線で引き，村形内を色分けして郡の区別を行っている（図2）．

小浜藩の正保国絵図作成過程

　一国の絵図を仕立てるには，村々の村名と位置，村高・郡高・国高，寺社，海陸の交通，地形などの諸資料を収集し，それに基づいて麓絵図（最初の下書き段階の絵図）→下絵図→伺絵図または窺絵図（幕府内見用の下絵図）→清絵図（献納用絵図）・控絵図（清絵図の控）という段階を踏んでいく．このうち，清絵図は天保図のすべてと正保図や元禄図の一部が国立公文書館に保存されている．現存する正保図や元禄図の多くは絵図元が保管していた下絵図・控絵図で，各地の資料館や図書館に残されている．小浜藩主酒井家の諸資料を収蔵し保管する小浜市立図書館酒井家文庫にも数舗の国絵図がある．

　正保図の絵図元は酒井忠勝で，1636～1656（寛永13～明暦2）年まで老中・大老の任にあった人物である．小浜藩における絵図作成作業の開始は酒井忠勝が国許における絵図作成の奉行などを任じた1645（正保2）年3月で，若狭国内を「三人一所ニ」，「國中在々見廻」るよう指示している．酒井忠勝書下からわかる下絵図完成までの作業過程は図3のとおりで，絵図作成担当者は記載の内容や方法など不明な点を江戸に問い合わせながら，作成していったことがわかる．

　最初の下絵図ができあがった時期は不明であるが，1646年6月以降間もなくとしても1年半近くが経過している．さらに小浜藩が幾度かの下絵図内見を経て修正を重ね，清絵図を献納するまで相当に時間を要したと思われる．他藩では最初の内見から国絵図献納まで1～3年をかけており，小浜藩の献納も1647～1649（正保5～慶安2）年ごろであったと推定されるが，はっきりしない．

若狭敦賀之絵図の特色

　正保図は図式の不統一が指摘されているが，下絵図になると記載内容の地域的な個性や幕府の指示に対する絵図元の理解，絵図元の個性がさらに強くあらわれてくる．たとえば，美濃の正保図に

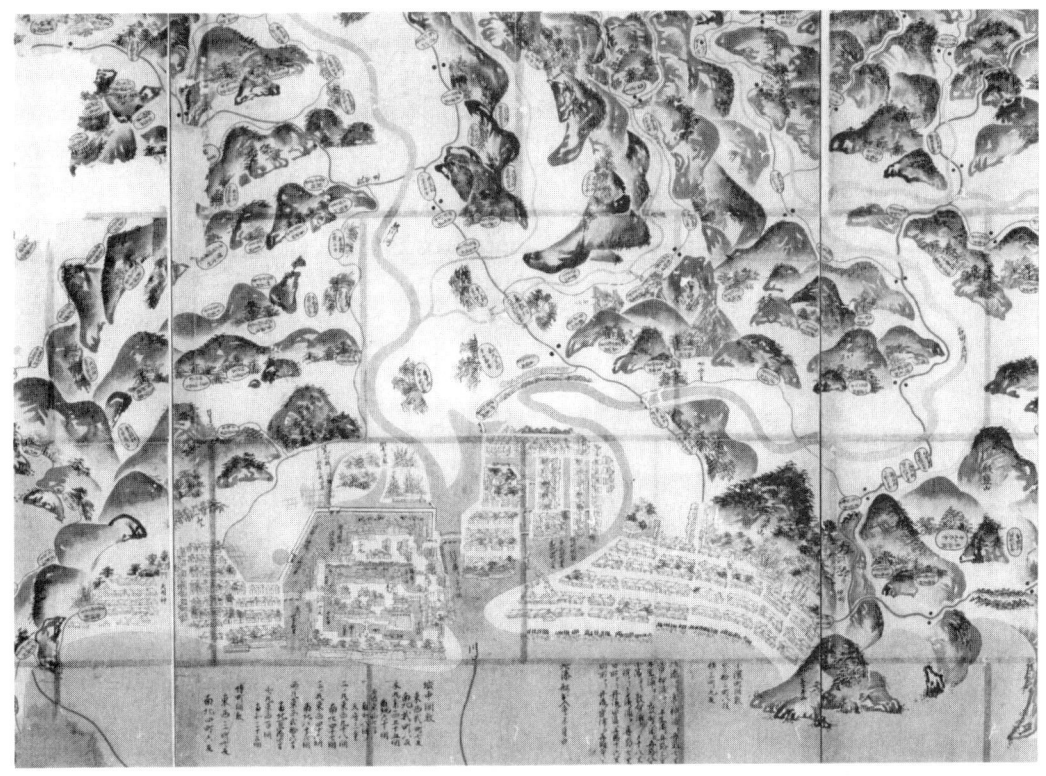

図 1 正保若狭国絵図（部分）

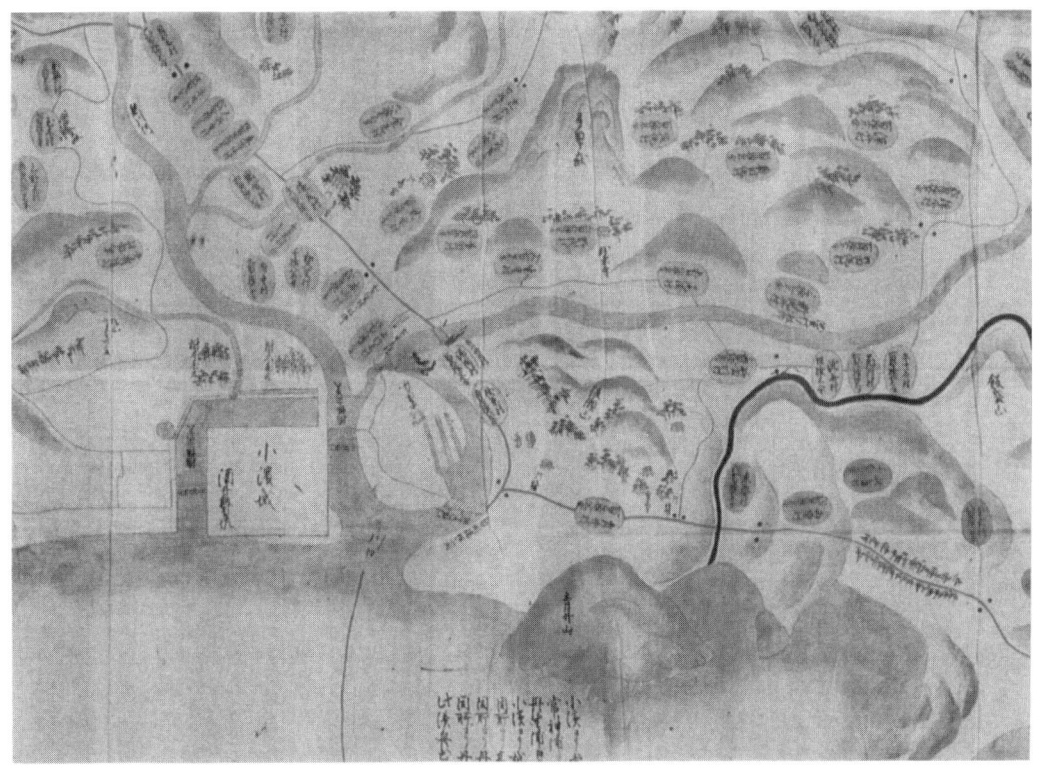

図 2 元禄若狭国絵図写（部分）

3.「国」への視線

は檜山・松山・雑木山・草山など山地の樹木に関する情報が詳細に記載され，飛騨国では金山・銀山が記載されている．また，「若狭敦賀之絵図」からみる若狭の下絵図は幕府の中枢にいた酒井忠勝の国絵図に対する認識をうかがわせる記載内容になっている．酒井忠勝は1645（正保2）年8月および1646（正保3）年6月に熊川・佐柿(さがき)・高浜の景観を絵画的に表現し（小浜城下の景観描写は既に指示済みか），西津(にしづ)猟師町(りょうしまち)を東方甲ヶ崎(こうがさき)近くに描く（言い換えれば，小浜城下を大きく描く）よう指示している．これは絵図作成基準の不足を補う，しかし忠勝独自の指示で，「若狭敦賀之絵図」を見ると，その指示に忠実に従って小浜城下の町の景観が絵画的に描かれ，小浜城下を中心とする小浜湾一帯が誇張されている．酒井忠勝は絵図の「なり」に注意を払っており，絵図の地図的正確さよりも絵図の，そして小浜城下の見栄えを優先したのである．

小浜城下を見ると，本丸南西部に三層の天守がそびえ，本丸とそれを囲む曲輪が殿舎・櫓，そして堀などとともに絵画的に表現され，その規模を詳細な文字注記で載せている．また，侍町・町人町も絵画的であるが，街路構成がはっきりと描かれている（図4）．注記を含めてここから読み取れる情報は幕府が示した城絵図の作成基準に従ったものである．したがって，この小浜城下部分は城絵図の意味を合わせもっていたといえよう．しかし，幕府の絵図基準には城絵図を別途作成することや表現方法に関する指示はない．小浜城下を絵画的に描き，国絵図と城絵図を1舗にまとめたのは酒井忠勝個人の判断によると考えられる．

「国」への視線

国絵図の記載内容は各国の町村・生産高・交通など国の基本的な情報が中心であるが，時代とともに変化する政治的・社会経済的状況を反映して，正保図では諸大名の領地関係，諸国間の交通・軍事施設に強い関心が寄せられ，元禄図は国境への関心を強めている．また，天保図は元禄図をベースに変地部分を修正し，村高記載を従来の朱印高から実高に改めて実情の把握に努めている．

こうした変化とともに重要なのが，空間把握の発展的変化である．正保図は諸大名の支配領域が強く意識された領分的性格の強い絵図であった．諸大名の支配領域（場所）の集合として「国」がとらえられていたのである．元禄図になると支配に関する情報が削除され，図式の統一と国境の確定に力が注がれて，領域としての国の把握が進んだと評価されている．ここに，正保期の個性豊かではあるが不統一な絵図から，元禄期の没個性的な，しかし統一感のある絵図への志向が読み取れよう．元禄図を継承した天保図は郷帳(ごうちょう)の作成と切り離され，幕府自らが改定作業を行った．それは幕府が支配層と土地を分離し，土地を客体化して空間的に把握する段階に入ったことを示唆する出来事である．元禄図は正保図と同様に諸大名の調査・報告に依存しており，個別領域的な空間把握がなお底流に潜んでいる．天保図の作成はその個別領域的な空間把握を克服するだけでなく，「国」をより広域の空間の中に位置づける試みであったわけである．

このように，国絵図は諸大名が支配する個別領域（場所）の集合としての「国」を描くことから始まり，領域としての「国」，そして客観的な空間としての「国」を描くようになった．国絵図の記載内容・図式は定型化していくが，その背景には幕府の「国」に対する視線の変化，「国」を媒介とした地理空間把握の変化があったのである．

〔渡邊秀一〕

文　献

川村博忠（1984）：江戸幕府撰国絵図の研究，古今書院．
杉本史子（1999）：領域支配の展開と近世，山川出版社．
渡邊秀一（1999）：「若狭敦賀之絵図」の記載内容について．敦賀論叢（敦賀短期大学紀要），14号，pp. 62-80．

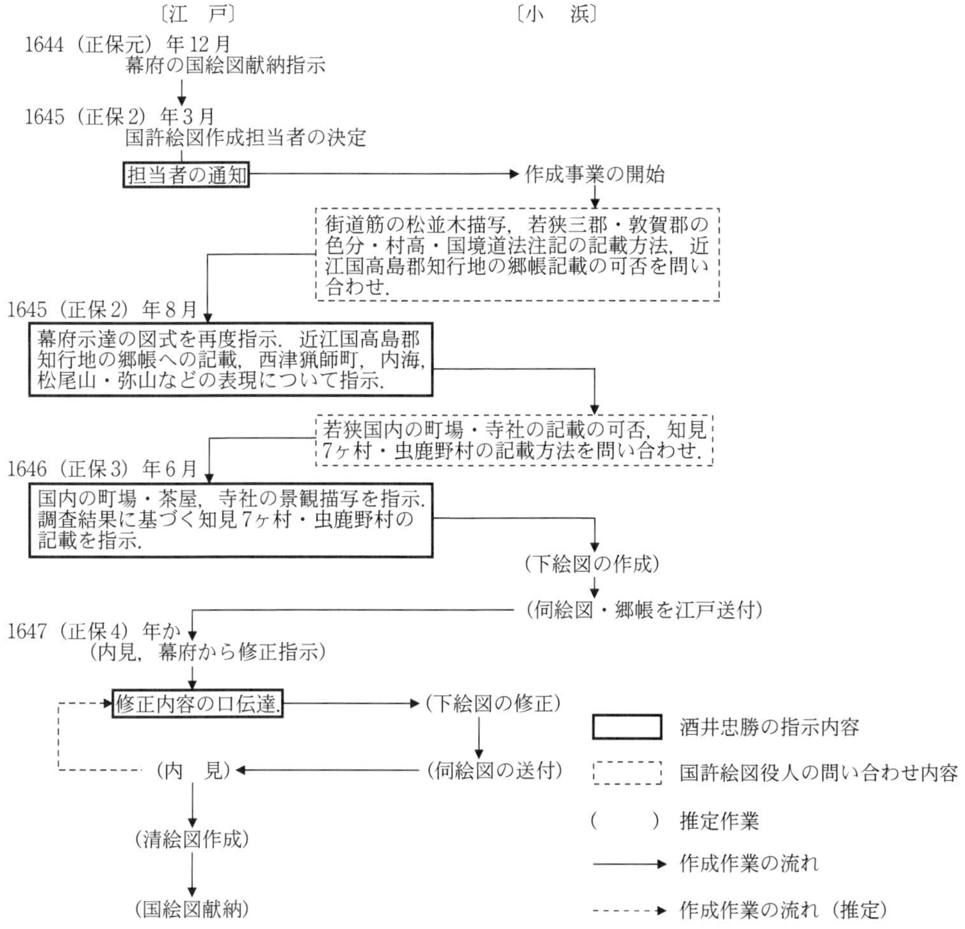

〔江　戸〕
〔小　浜〕
1644（正保元）年12月
幕府の国絵図献納指示
1645（正保2）年3月
国許絵図作成担当者の決定
担当者の通知
作成事業の開始
街道筋の松並木描写，若狭三郡・敦賀郡の色分・村高・国境道法注記の記載方法，近江国高島郡知行地の郷帳記載の可否を問い合わせ．
1645（正保2）年8月
幕府示達の図式を再度指示．近江国高島郡知行地の郷帳への記載，西津猟師町，内海，松尾山・弥山などの表現について指示．
若狭国内の町場・寺社の記載の可否，知見7ヶ村・虫鹿野村の記載方法を問い合わせ．
1646（正保3）年6月
国内の町場・茶屋，寺社の景観描写を指示．調査結果に基づく知見7ヶ村・虫鹿野村の記載を指示．
（下絵図の作成）
（伺絵図・郷帳を江戸送付）
1647（正保4）年か
（内見，幕府から修正指示）
修正内容の口伝達．
（下絵図の修正）
（伺絵図の送付）
（内　見）
（清絵図作成）
（国絵図献納）
酒井忠勝の指示内容
国許絵図役人の問い合わせ内容
（　　）推定作業
作成作業の流れ
作成作業の流れ（推定）

図 3　小浜藩における正保図作成過程

（東）
（竹原村）
（井ノ口村）
（伏原村）
（名田庄川）
（馬場）
（町屋）
（天神）
（北）
（南）
（竹原侍町）
八幡
（空印寺）
常高寺

図 4　竹原侍町・小浜町の景観（若狭敦賀之絵図よりトレース）

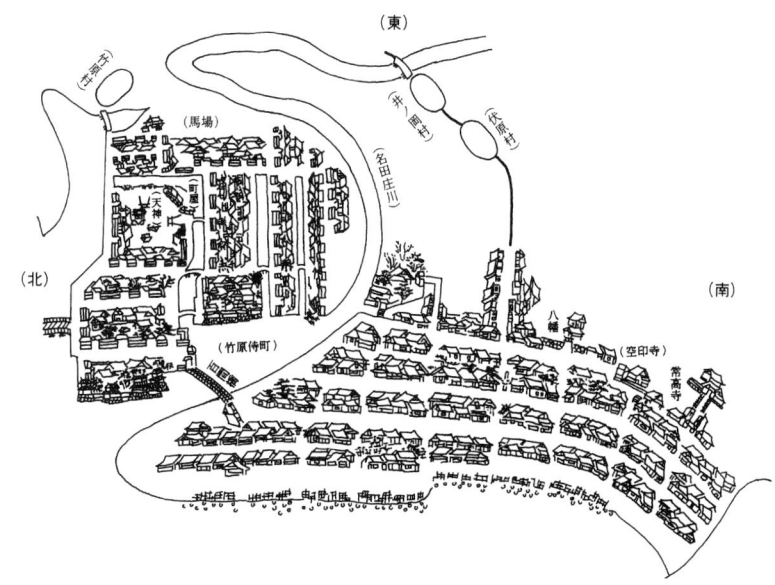

4. 国絵図から日本総図へ

　現存する大型江戸初期日本総図は，佐賀県立図書館「日本之図」（A 型日本総図と呼ぶ．このほかに毛利家文庫などにある）と，国立国会図書館蔵「慶長日本図」（B 型日本総図．池田家文庫・加越能文庫・南葵文庫などにある）の 2 系統が知られている．双方ともに図示範囲は陸奥国を北端として，南は大隅国種子島・屋久島・口永良部島までである．日本総図に関する研究は芦田伊人に始まり，国会図書館蔵の大型日本総図を慶長日本総図と判定して以来，「慶長日本図」と称されつづけてきた．

A・B 型日本総図の特徴（図 1）

A 型日本総図（毛利家文庫図）：奥州羽州全図，日本中洲絵図，山陰山陽四国九州絵図の 3 舗からなる大型の日本総図である．特徴は各国の下地が色塗され，矩形枠内に「出羽」などと国名が墨書されている．在所名は□印と○印の 2 種類あり，□には朱塗りされているものと，そうでないものがあり，前者は城所のようだが，後者は古城などが記されている．また，○は街道沿いの主邑の在所名が記されている．なかでも江戸・京都・大坂，そして奈良・上野は通常より大きな□で，枠内に地名が記載されている．地勢表現を見ると，山名では岩木山・鳥海山・羽黒山・月山・湯殿山・飯豊山・蕃代山・赤木山・浅間・大山・富士山・御嶽など，東日本を中心に著名な山々が描かれている．このほかにも吉野などの名所や金・銀山の注記も見られる．交通路は墨筋で引かれ，主要城下間の里程も記されている．海上航路は日本海側では秋田～長崎まで，太平洋側では江戸から南に引かれているが，つぎの国会図書館蔵図よりは交通情報が少ない印象である．

B 型日本総図（国会図書館蔵図）：大きさ 370×434 cm の 1 舗からなる．在所名には□と○印（白色塗）の 2 種類で，□は居城であると考えられており貼紙で大名名と石高が記され，○は街道上の主邑が中心に記されている．また，別格扱いの江戸・二条・大坂は二重の四角内に，府中は通常の□内に注記されている．地勢表現を見ると，霊山描写や注記のある山として，岩鷲山・三崎山・出羽三山・筑波山・富士山・比叡山・高野山・大山，那知滝などがある．河川名も記されている．陸上や海上航路が朱引きされ，城間里程，渡河点，海上里程が記されている．航路は太平洋側では江戸～長崎まで，日本海側では北は敦賀までである．長崎には天川・ルソン・高作などの南方諸国への里程も記されている．作成目的の 1 つに交通情報の記載があったといわれている．

日本総図の成立時期をめぐる論争
　　　——川村博忠説をめぐって

　川村説：A 型日本総図と 1633（寛永 10）年幕府巡検使が上納した国絵図との図形を，国域の輪郭・海岸線・河川流路や主邑の位置などを基準に照合すると，一部（北陸道・佐渡）を除けば，両者間には相当の類似性が見られることから判断して，このときの国絵図が利用されたことは疑いないと主張している．一方，B 型日本総図については，1638（寛永 15）年国絵図提出命令の史料（萩藩江戸留守居日記『公儀所日乗』寛永 15 年 6 月 16 日の記録）の「日本国中之惣絵図」を日本総図と理解した．そして支藩岩国藩への資料要請には隣国への海上里数・河川の渡河方法や川幅などの交通情報の問い合わせが行われていることと，島原の乱の余韻が残る九州西岸に湊や航路情報が多いことなどに注目して，軍事的な観点から改定された日本総図であって，「寛永日本図」と改めるべきであると主張している．

　川村説批判：
　① 海野一隆からの批判がある．海野は川村の B 型日本総図についての「寛永 16 年に改定編集されたものと推測される」という考え方について，改定以前の日本総図の成立年代を明らかにすることの必要性と，A・B 型の図形の相互関係が十分

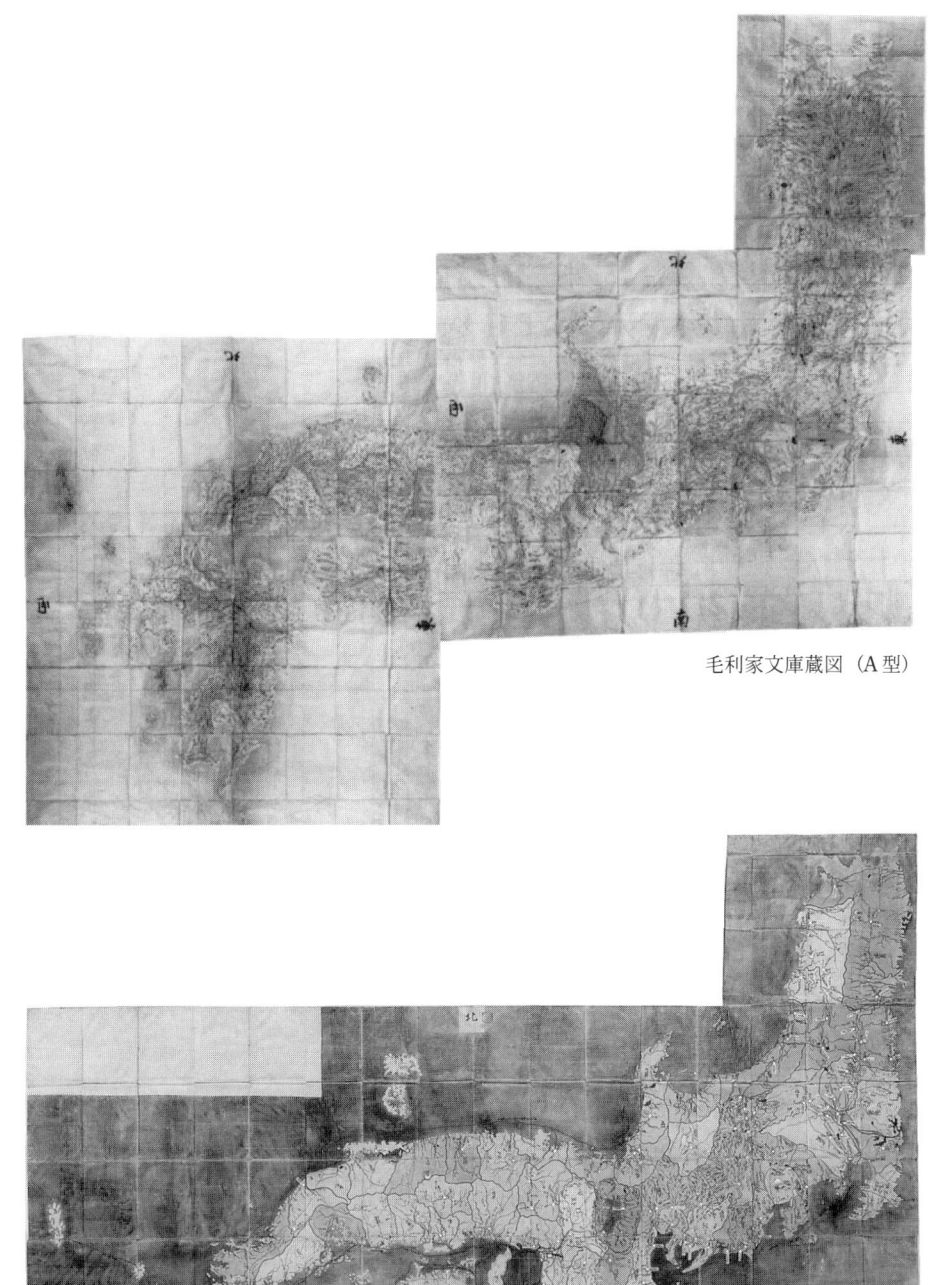

毛利家文庫蔵図（A型）

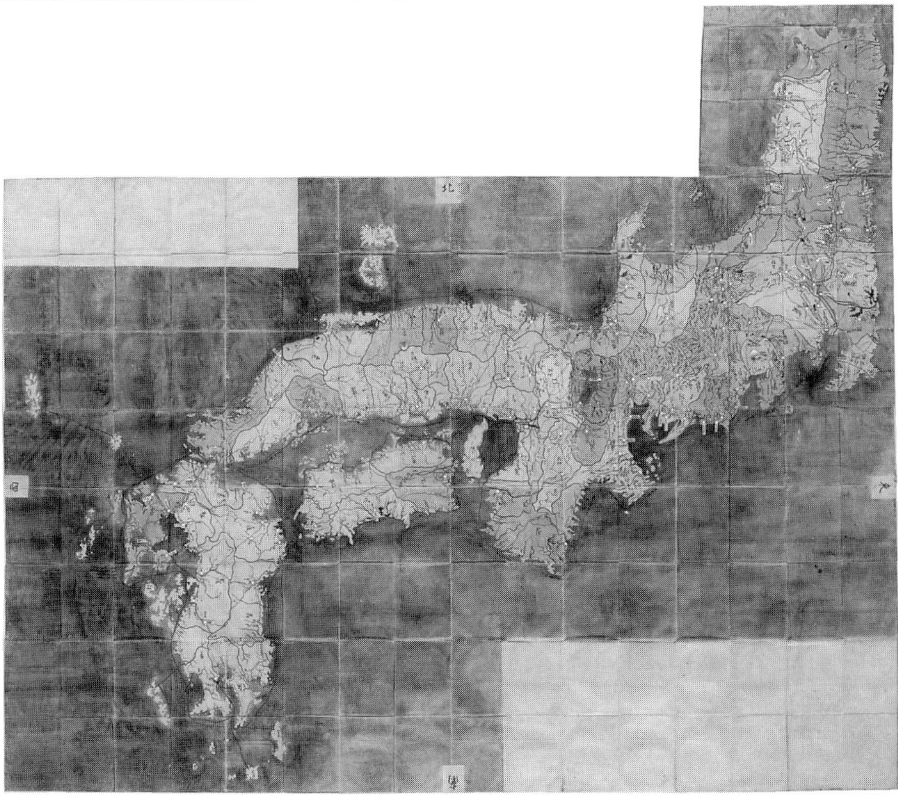

国立国会図書館蔵図（B型）

図1　江戸初期日本総図

に検討されていないなどの問題点をあげている．そして，一般的には新たに国家的規模の測量が行われる地図が作られるということは稀であって，既存の図の改定をもってこと足れりとしてきたといってよく，新旧雑多な情報が盛り込まれる場合，図形の成立年代や描画年代を意味しないであろう．また，そこには基図となった先行の図の痕跡が図面に残る現象を「旧態残留」と呼んで，この痕跡を丹念に追うことで源流に遡ることが可能であると主張している．そこで名護屋が○になっていることから，城としての機能の失われた1598（慶長3）年以降と考え，慶長3～6年を成立時期とし，「慶長初期日本総図」と呼称して妥当であるという見解を披露している．

② 黒田日出男らの批判がある．A型日本総図に関連した寛永15年5月の史料の解釈をめぐって展開され，史料にみえる「日本国之惣絵図」，「今度之惣之絵図」からは日本図編集の意図は読み取れないという黒田の見解が提出されている．また，B型日本総図について，塚本桂大はその作成動機を参勤交代制度の確立と歩調をあわせた全国的な交通政策を反映したもので，川村の主張する軍事的観点の強調をしりぞけている．

若干の再検討 ──図形の照合（図2）

川村に対する批判に図形の比較検討の不充分さがあげられている．そこで筆者は図形の照合を行ってみた．具体的には現存する慶長国絵図や寛永10年巡見使国絵図と，A型日本総図とB型日本総図との図形の照合を行った．その結果，慶長国絵図と寛永10年国絵図とは，基本的には類似しているといってよい．そして，①越前国・摂津国・和泉国・周防国・そして長門国では，慶長国絵図と寛永国絵図の図形はほぼ同じとみなすことができ，防長両国の場合はまったく一致するといってよい．②A型日本総図と慶長国絵図が類似するのは越前国と防長両国であった．寛永国絵図とは摂津・和泉・小豆島・長門国が似ている．③B型日本総図と慶長国絵図は和泉・備前・周防国・小豆島で類似していた．このことから慶長国絵図と国会図書館蔵図は部分的に類似するといってよい．

次に九州の場合を検討してみた．その結果，慶長国絵図の筑前・肥前・肥後・豊後国とA・B型両日本総図との類似関係ははっきりしなかった．A・B型両日本総図の九州本土が類似しているし，この地域は寛永10年の巡見使派遣以前に，すでに九州図が存在していたのである．九州は早い時期から比較的正確な輪郭が知られており，日本総図においても，この九州図が利用された可能性を考えてもよいのであろう．

あくまで各国図形の比較の結果ではあるが，B型日本総図の図形は現存する慶長国絵図に類似し，とくに毛利文庫蔵図に比べて海岸線の屈曲はより似ているといってよいだろう．他方，A型日本総図は寛永10年巡見使国絵図に類似していることから，寛永国絵図を原図にして編集された可能性が高いと思われる．

〔上原秀明〕

付記 近年，黒田日出男によって，南葵文庫の中にある慶長日本図を製作するための作業図ないしは下絵図と思われる日本図が紹介された．検討の結果，日本のかたちが生み出されるプロセスを示し，寛永10年前後に至って江戸幕府によって日本図の製作がなされたという見解を示している．

文献

礒永和貴（1996/97）：長澤家文書の九州図と寛永巡見使．熊本地理，8・9巻，pp. 1-10.

海野一隆（2000）：いわゆる「慶長日本総図」の源流．地図，38巻1号，pp. 3-12.

川村博忠（1998）：江戸初期日本総図再考．人文地理，50巻5号，pp. 1-24.

川村博忠（2000）：江戸初期日本総図をめぐって─海野氏の見解に応えて─．地図，38巻4号，pp. 42-48.

川村博忠編（2000）：江戸幕府撰慶長国絵図集成 付江戸初期日本総図，柏書房．

川村博忠編（2002）：寛永十年巡見使国絵図 日本六十余州図，柏書房．

黒田日出男（1982）：寛永江戸幕府国絵図小考─川村論文の批判的検討─．史観，107号，pp. 49-62.

黒田日出男（2004）：南葵文庫の江戸幕府国絵図（24完）．東京大学史料編纂所附属画像史料解析センター通信，24号，pp. 10-17.

塚本桂大（1985）：江戸時代初期の日本図．神戸市立博物館研究紀要，2号，pp. 19-40.

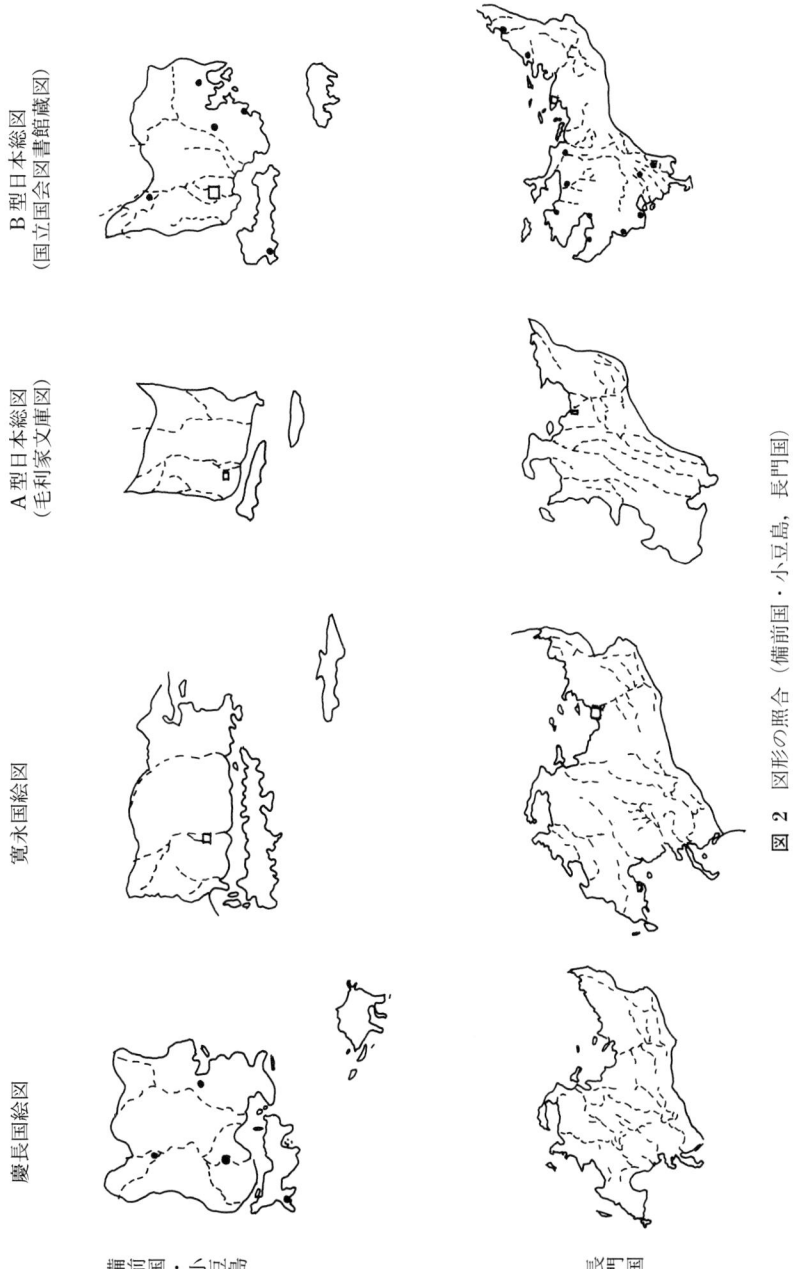

図2 図形の照合（備前国・小豆島, 長門国）

4．国絵図から日本総図へ

5. 外 邦 図
―ミラージュの地図―

近代日本における地図作成事業は1869(明治2)年に始まるが，外国図への関心もほぼ同時に高まった．軍事を主目的とする外国図を，「内国図」に対して「外邦図」と定義するのは，1884年参謀本部測量局地図課の服務概則を嚆矢とし，以後，第2次世界大戦に至るまで，戦役ごとに臨時測量部が組織され，アジアを中心に外邦図が作成されていった．それらは敗戦による焼却や連合軍による接収で散逸したが，国内では現在，主要大学などにそれぞれ約1～2万点が収蔵されている．

外邦図の類型

多様な外邦図は，(1)作成時期，(2)対象地域，(3)作成者，(4)図式，(5)縮尺，(6)図郭などで分類することが可能であるが，(7)作成方法も重要な指標となる．

① 実 測：本格的な外邦図の作成は，日清戦争時に編成された臨時測図部によって開始され，その戦後には台湾の1：25,000地形図が作成された．その後も日露戦争などの結果，樺太，朝鮮半島の測図事業が，平板測量を基本に進められた．

② 盗 測：こうした「内邦化」地域の実測と並行して，その周辺の国境地帯である中国，満州，シベリア，蒙古などでは，個人単位の秘密測量や空中写真盗測が実施され，戦術用を主眼とする偵察測図が継続的に行われた．

③ 編 集：さらに，1918年のシベリア出兵時にロシア極東測量部作成の1：84,000地形図を接収したのをはじめ，満州事変では民国製地形図，太平洋戦争初期には東南アジア各地で欧米製の多様な地図を入手し，それら既製図を編集して兵要地図に転換していった．

この編集図の原図の事例が図1であり，インド測量局が1924年に作成した地形図の左下部を示している．縮尺はイギリス風の1インチ1マイル(1：63,360)であり，7色刷であった．これを1：50,000，5色刷に変換し，参謀本部陸地測量部が1942年に発行したのが図2である．しかし形式以上に大幅な改変が施されたのが整飾部の凡例であり，橋・堤防や地名ランクなどが大幅に拡充され，日本側の読図に益する操作が加えられた．

外邦図の意味

上記のような外邦図の類型は，以下のような意味を表象すると考えられる．

① 植 民：「外地」の大縮尺による基本測図は，「内地」よりも優先的に実施された．これは植民地経営の基礎をなす詳細な地籍調査が先に実施され，その測地事業の継続として地形図作成が計画されたものである．

② 軍 事：国境地帯や前線での盗測，野戦測量は，外邦図中でももっとも純粋に軍事的機能を有する地図といえる．

③ 帝 国：東南アジア侵略後の欧米製地図の編集は，軍事および一部植民地経営の実用目的も担ったが，英領印度，濠州，アラスカなどの編集図も作成していることを考慮すれば，「幻視としての帝国」の表出と解釈することも可能であろう．

海外に流出した地図も含めて外邦図の全貌を明らかにし，それにより軍事，権力と地図の関係を批判的に解明することが今後の課題である．

〔長谷川孝治〕

文 献

陸地測量部編(1922)：陸地測量部沿革誌，陸地測量部．

測量・地図百年史編集委員会編(1970)：測量・地図百年史，国土地理院．

岡田喜雄編(1978)：地図をつくる―陸軍測量隊秘話―，新人物往来社．

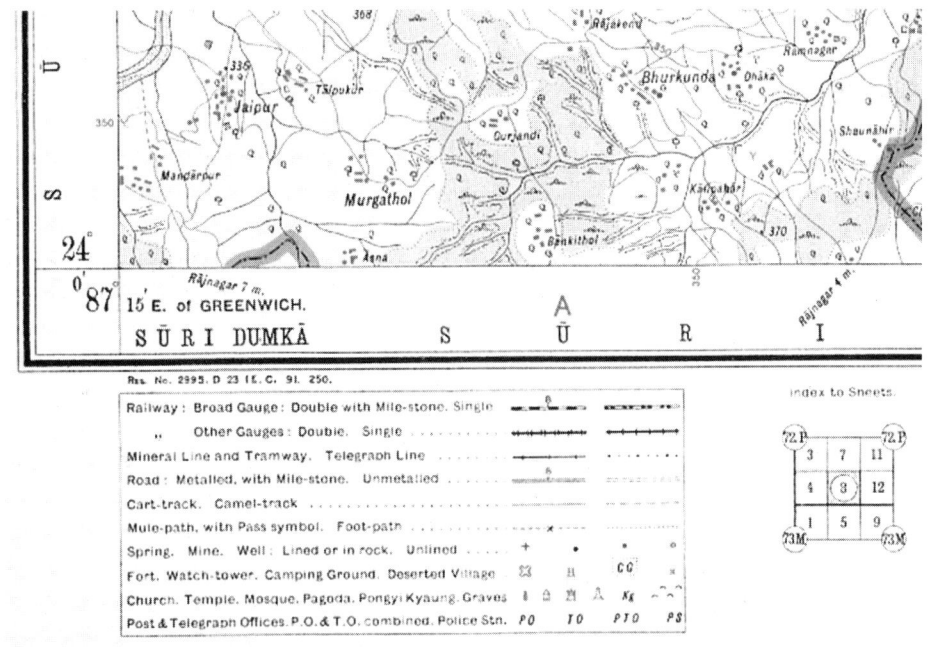

図 1 インド測量局「Bengal & Bihar & Orissa N. 72 P/8」(1924 年,部分)[1:63,360]

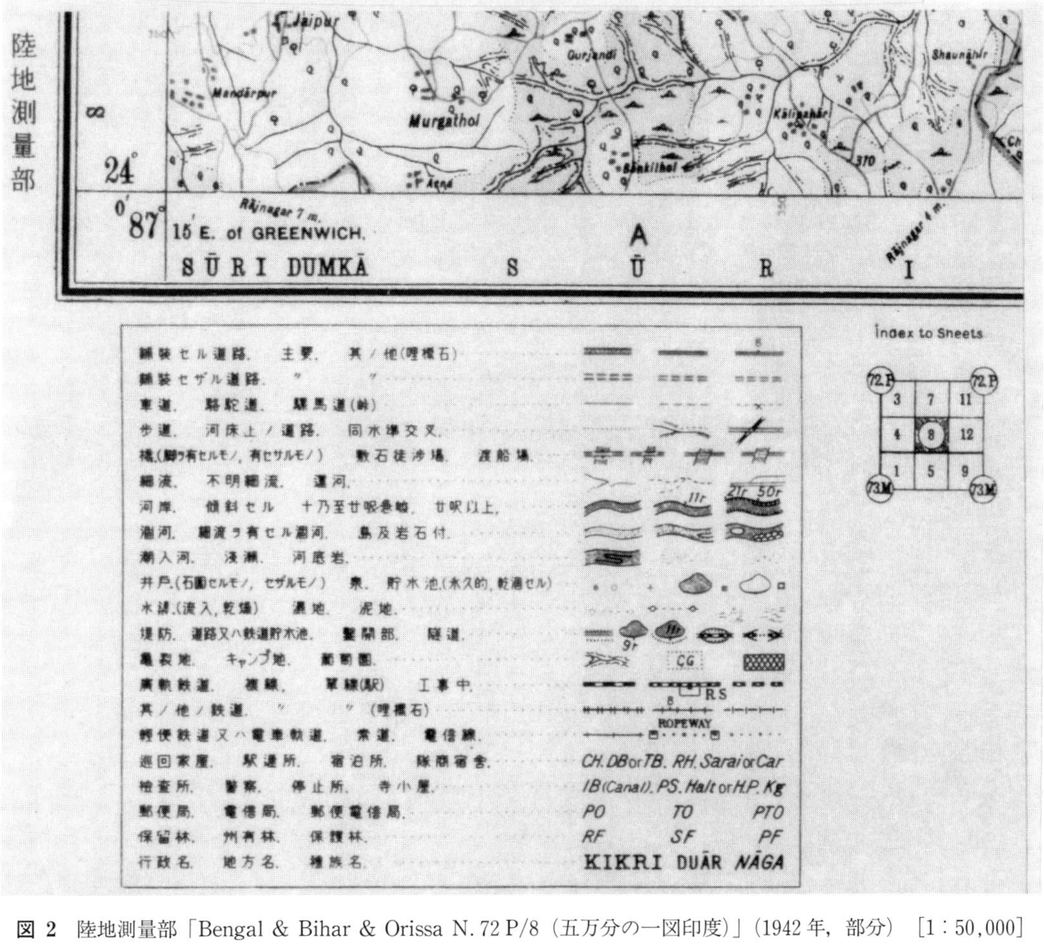

図 2 陸地測量部「Bengal & Bihar & Orissa N. 72 P/8(五万分の一図印度)」(1942 年,部分)[1:50,000]

6. 中国における領域の表出
—放馬灘図から禹跡図へ—

　1986年3月に甘粛省天水市放馬灘1号秦墓から出土した木板地図は，現時点では中国最古の地図である（**図1，2**）．同時に出土した竹簡の記述や副葬品の特徴から，この図はBC 239（秦の始皇帝8）年の作成と推定される．図中に注記されている「邦丘」という地名から，図の範囲は戦国時代末期における秦の邦県であり，現在の天水市北道区・秦城区・秦安県・清水県一帯に相当する．この図は4枚の板に墨で描かれ，このうち3枚は表裏両面に描かれているため，計7図幅から構成されている．表現内容によって「地形図」，「政区（行政区画）図」，「経済図」に分類されるが，一般に放馬灘図と総称される．

放馬灘図の空間

　本図は河川を座標軸として描かれているものである．すなわち全域は東西に流れる渭河を中心にして，多くの支流が南北から流入している様子が描かれている．図中には，渓谷，山名も記載されている．その背景として当時の人々の水系重視の空間認識が窺われる．図中には，方形に囲まれる場合と，囲まれない場合の2種の集落名，計28が記載されている．これらの集落は，規模と重要性により県城，郷里に階層化され，行政上の差異が記号化されている．また邦丘，略，中田，広堂，南田などの方形に囲まれる集落は行政の中心地ないし重要な地域であることが考えられる．図の左（西）には，あずまや形の記号が1つあるが，文字注記はない．恐らくこの一帯に設営された重要な駐屯地の一つと思われる．戦争が頻発した戦国時代には，地図は軍事的性格を強めており，放馬灘1号秦墓の被葬者は軍人とみられることから，この地図は軍用地図である可能性も否定できない．さらに，図中には，有薊木，陽尽柏木などの5種の樹名が克明に描きこまれ，木材の分布状況が示されている．この図は地理的，行政的機能だけではなく，経済的機能をも果しているといえよう．

水系による国土表象

　図3は1136（南宋紹興6）年4月に作成された禹跡図であり，中国最古の国土図として知られている．この図も水系を座標軸として描かれている．黄河，長江およびその支流，太湖，洞庭湖，鄱陽湖などの湖が記されていることから，河川，湖などの水域を強調したものとみることができ，また長い海岸線も描かれている．さらに特筆すべきは，この図には5,110（70×73）の方格があり，地図作成の精度が追求されていることである．

　放馬灘図から禹跡図への地図作成の変化は，地域から国土への空間スケールの拡大とともに技術的な進歩が示されている．同時に中国の古代から中世にかけては，水系を中心とする空間認識が継承されていたことを物語っている．　〔于　亜〕

文　献

何　双全（1989）：天水放馬灘秦墓出土地図．文物2期，pp. 12-22．

曹　婉如（1989）：天水放馬灘秦墓出土地図について．文物12期，pp. 78-85．

Hsu Mei-Ling（1993）：The Qin Maps：A Clue to Later Chinese Cartographic Development, *Imago Mundi*, Vol. 45.

閻　平・孫　国青（1995）：中華古地図集珍，西安地図出版社．

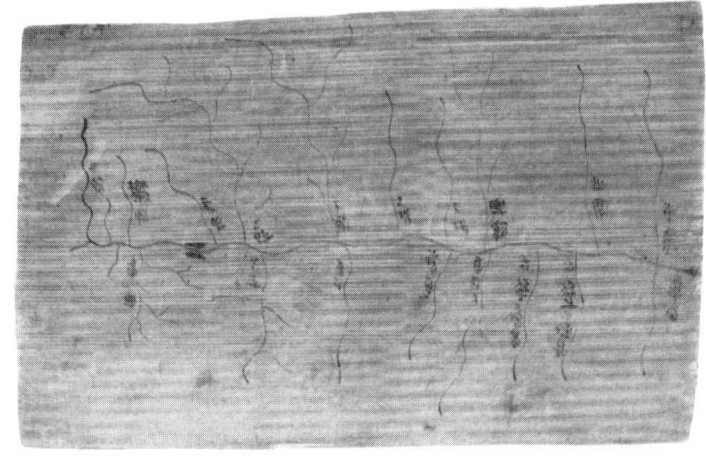

図1 天水放馬灘秦墓出土地図（部分，閻平・孫国青『中華古地図集珍』，16.9×26.8 cm，甘粛省文物考古研究所蔵）

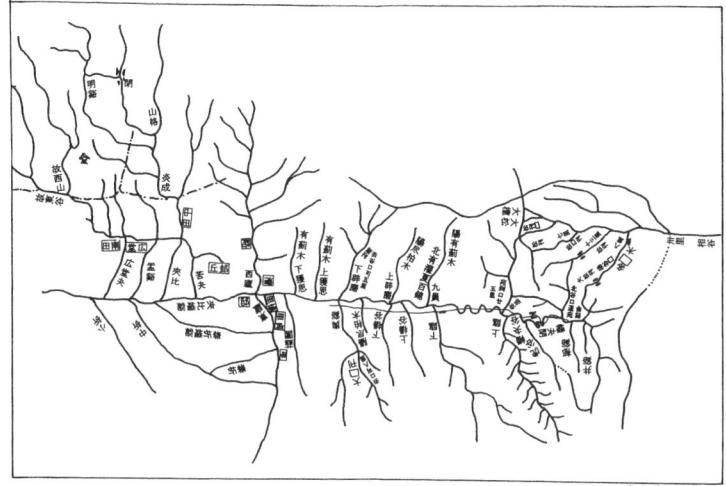

図2 戦国秦邦県地理全図（トレース図）

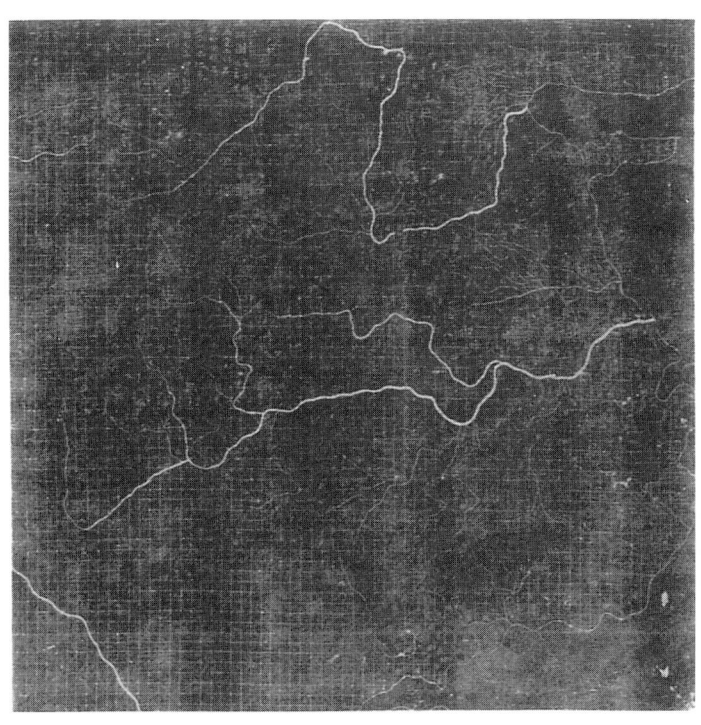

図3 禹跡図（1136年，王庸『中国地図史綱』，104×104 cm，陝西省博物館蔵）

7. 朝鮮全図・郡縣地図に見る山の表現と自然観

　18～19世紀は，朝鮮半島において，地図製作が盛んに行われた時期である．地理的な知識の蓄積や，地図作成技術の向上などもあいまって，大縮尺地図や地方の行政単位ごとの地図，民間の地図などが多く作成された時期でもある．これらの地図には，当時定着していた地形を重視する風水など，独特な自然観が影を落としている．本章では，この時期の代表的な地図である「大東輿地図」と「郡縣図」を例に，そこにあらわれる地形表現と自然観について触れたい．

朝鮮後期の代表的朝鮮全図「大東輿地図」

　「大東輿地図」は，1861年に金正浩によって作成された，木版印刷による朝鮮全図である．縮尺はおよそ1：166,000の，当時としてはかなり大縮尺で詳細な地図であった．現在韓国では，「大東輿地図」はその正確さや斬新さから，きわめて高い評価を受けている．地図の形態は，韓国で「分帖折畳式」と呼ばれるやや特殊なものである．朝鮮半島全土を南北22層の短冊状に分割し，その各々を屏風のように折りたたむ形式になっている（図1）．これらを全部拡げてつなげると6.6×4.2m程度の巨大な朝鮮半島の全図となる．

　朝鮮半島の最北部が描かれている第1層には，余白に製作の経緯などを記した「地図類説」，地図中に用いられた「地図標（記号）」一覧，当時の国都であった漢陽（ソウル）の2種類の地図，そして製作時に用いた10里四方の方眼を示した「方格表」が掲載されている．そして第2層以降はすべて朝鮮半島の地図が描かれ，第22層は半島最南端の済州島になっている．

山の表現と自然観

　地図中に示された内容は，当時の行政拠点であった都邑，城郭，鎮堡（軍事施設），駅，倉庫，烽燧（のろし台），陵寝（王陵）などが記号化されて示されている．道路はほぼ直線で示され，自然環境として山と河川が詳細に示されている．

　図2は「大東輿地図」第15層にある，朝鮮半島東南部の慶尚道安東付近を示したものである．これを見ると，まず目をひくのは，黒く太い線が縦横に張り巡らされている点である．これは「大東輿地図」独特の表現手法で，山がひとつながりの線で描かれている．これは韓国においては「山岳投影法」と呼ばれ，この線はおおよそ「尾根線」を描いたものと理解してよいだろう．ただしその尾根線の途中に突出した高まりがあれば山の形が描かれ，「○○山」，「△△峯」などの山名が示される．そして山のつながりを示した線が太ければ，おおよそその部分は標高が高いことを示している．

　尹弘基（1991）は「大東輿地図」のこのような表現方法は，朝鮮半島において墓などの立地判断を行う風水師が作成する「風水図」の流れをくむものであると指摘する．朝鮮半島の風水では，地中には「気」が流れ，気が集中して流れる部分は「脈」があり，そこに山の連なり（サンチュルギ）が生じるという感覚があると考えられる．風水を「看る」者は，逆に山の連なりを見て地中の気の流れを判断し，気が滞留する「良い場所」を見いだすのである（図3）．

　「大東輿地図」の山の表現を「尾根線」と理解して現代の地形図などと検討すると，大きな誤りが見られないことに驚かされる．すなわち，山の連なりがきわめて丹念に追いかけられ，把握されているのである．その背景には風水とも関連する，「脈」の思想が見え隠れする．それ以前にも，小縮尺の地図では山を連ねて表現する手法はあったが，「大東輿地図」はそれをより細かいレベルまで押し進めたともいえるだろう．

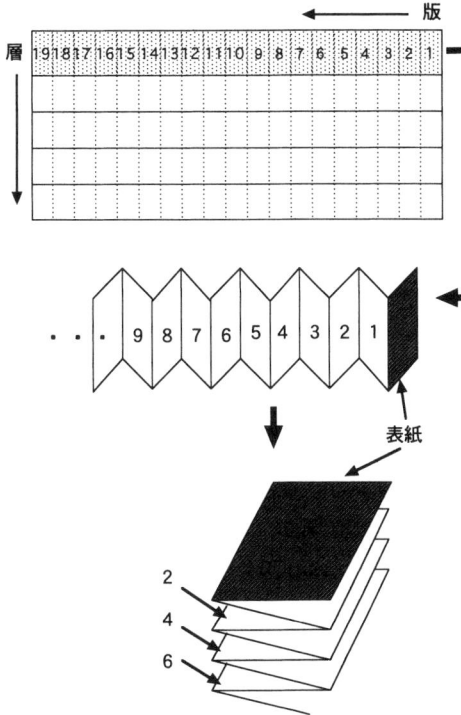

図 1 「大東輿地図」の装丁方法

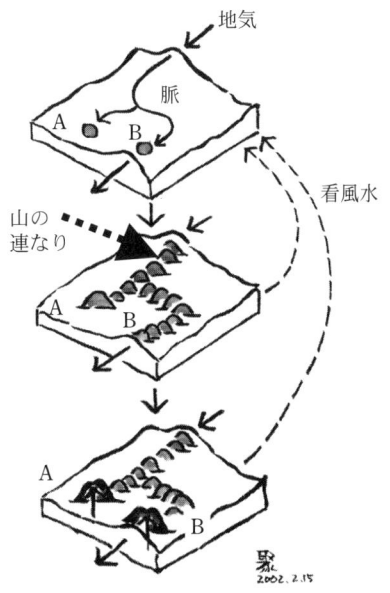

図 3 朝鮮半島の風水にみる気と脈・地形の関係

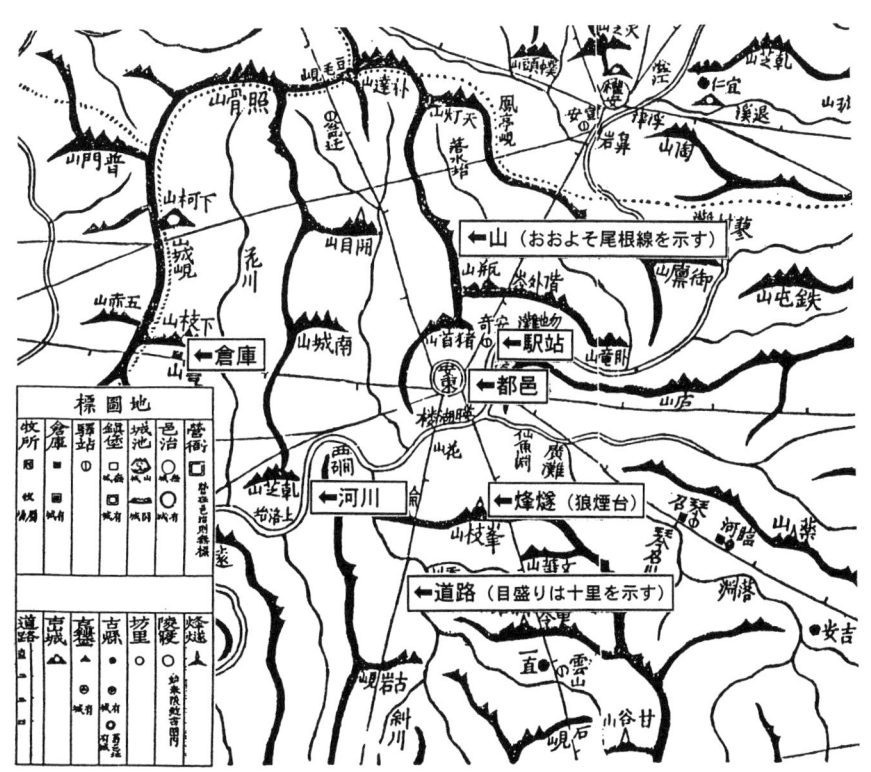

図 2 「大東輿地図」15層　慶尚道安東付近と地図標（京城帝大版「大東輿地図」に加筆）

郡縣図と邑志

　朝鮮時代後期に多量に作られた郡縣図は,「郡縣地図」,「邑地図」とも呼ばれ,朝鮮時代の地方行政単位である郡,縣（総称として「邑（ゆう）」と呼ばれる）の自然環境,道路,官衙（役所）などをはじめとした,行政に関わる事物の情報が描かれた地図である.現存する郡縣図はほとんどは18世紀以降のものである.

　郡縣図は,基本的に当時の地誌書である「邑誌」に付属していた.邑誌は当時の行政単位ごとの地誌で,その内容は,行政単位の歴史的な経緯を示した建置沿革にはじまり,山川（自然環境）,官職（地方官の職名と人数）,風俗,物産,姓氏（居住する氏族）などの情報がカタログのように記載されている.なおこの形式は,郡縣図が付属していることも含めて,中国の方志と類似している.

　郡縣図には,さまざまな種類があり一様ではない.たとえば筆で描かれた絵画式と,木版式の地図があり,さらには絵地図のようなものから,方眼を用いて位置関係を明確にしたものまである.この郡縣図が誰によって作成されたかについては,まだ明確でない部分もあるが,朝鮮王朝によって編纂されたものについては,各郡の守令（地方官）が画工（絵師）に命じて描かせたものと考えられている.

「石城地図」と山の表現

　図4に示した郡縣図は,忠清道石城郡（チュンチョン ソクソン）（現在の韓国中西部,忠清南道扶余郡石城面（ブョ））のもので,1871年に全国的に編纂された邑誌に付属していた.この地図は絵地図に近いもので,図中Aに示した部分に建物が描かれ「衙舎」とあり,これが官衙（役所）の建物であると思われる.その周辺に,ここを訪れた官人が宿泊する「客舎」,地方の儒学教育機関である「郷校」などが見える.さらにその周辺に城隍壇（じょうこうだん）,社稷壇（しゃしょくだん）などの祭祀施設が描かれ,当時の地方行政拠点としての「邑」の姿が見て取れる.ただしそれ以外の集落などは地名が示されるのみである.

　この地図では衙舎（がしゃ）を中心とする「邑集落」周辺の地形がきわめて詳細に描かれている.衙舎北側の洞城山から衙舎背後までは山が連なる様子が描かれ,さらに衙舎を中心とした邑集落が二重三重に山に取り囲まれているような表現が見られる.このような表現は複数の郡縣図で目にすることができるものである.

　図5は朝鮮時代後期の風水図と,日本植民地期に総督府嘱託の村山智順によって作成された風水の理想図「山局之図」を対比したものである.ここに見られる表現と「石城地図」の衙舎周辺の山の表現は,重要な場所が二重三重に山に囲まれているという点できわめて類似している.朝鮮半島の風水においては,風水的に良い場所（吉地＝穴・明堂）は,その良い「気」が洩れ出ないよう,山に取り囲まれているという感覚がある.「石城地図」は,ある意味では衙舎の「風水の良さ」を示すため誇張した表現をしているとも考えられる.ただし,前述した「大東輿地図」と同様に,誇張されているとはいえ,山の連なりは誤って表現されているわけではない.

〔澁谷鎮明〕

文　献

李　燦編（1991）：韓国の古地図（韓文），汎友社．

尹　弘基（1991）：「大東輿地図」の地図族譜学的研究（韓文）．文化歴史地理，3号，pp. 37-47．

澁谷鎮明（1995）：朝鮮半島における風水地理説を用いた地形認識．歴史地理学，37巻3号，pp. 1-15．

楊　普景（1996）：郡縣地図の発達と「海東地図」（韓文）．海東地図 解説・索引（ソウル大学校奎章閣編）．

澁谷鎮明（1997）：朝鮮（李朝）時代末期郡縣図の表現方法にみる風水地理的地形認識．歴史地理学，39巻3号，pp. 25-38．

楊　普景・渋谷鎮明（2003）：日本に所蔵される19世紀朝鮮全図に関する書誌学的検討．歴史地理学，45巻4号，pp. 15-26．

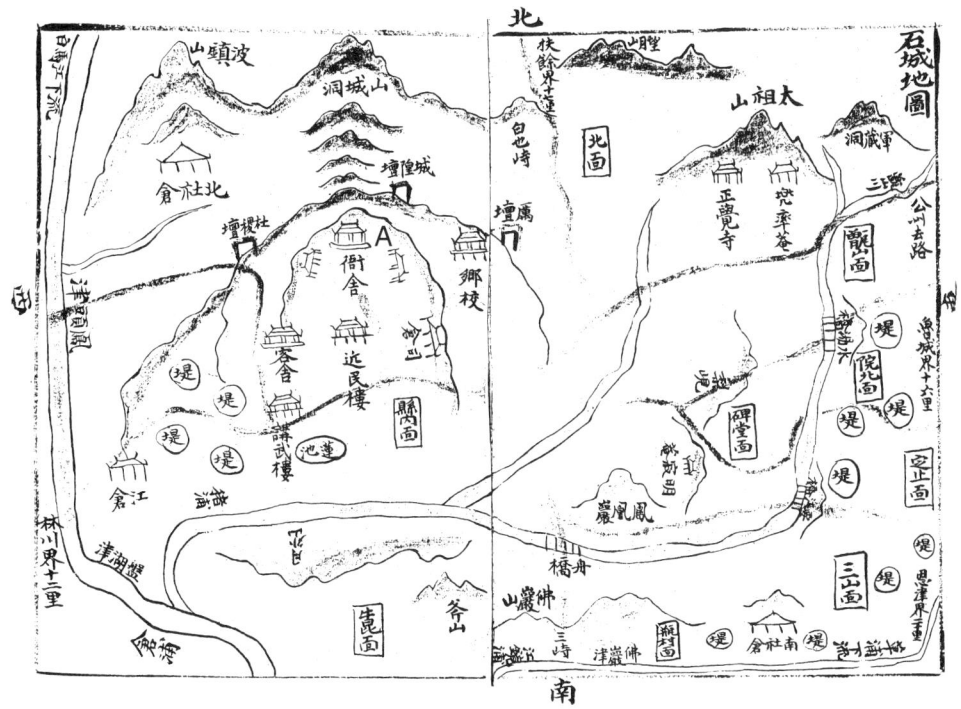

図 4 郡縣図における山の表現：忠清道石城郡「石城地図」（『韓国地理志叢書 邑誌八 忠清道②』，亜細亜文化社, p. 656）

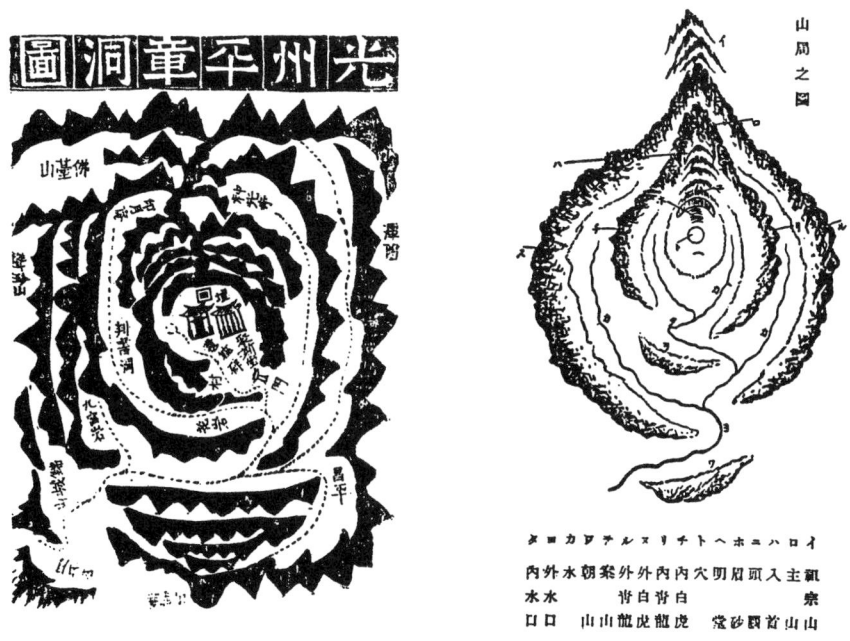

図 5 朝鮮時代の風水図と村山智順の「山局之図」
左：光州平章洞図（19世紀後半，李燦編『韓国の古地図』（韓文), p. 313)
右：山局之図（村山智順『朝鮮の風水』, p. 17)

8. インドシナ半島図
―辺境から近代国境の確定へ―

空白のインドシナ半島内部とヨーロッパ列強

　東南アジアには独自のコスモロジーを反映した土着的な地域図もわずかに存在するが，広域情報の地図化は，16世紀の大航海時代以降にもっぱらヨーロッパ人の手になる．その嚆矢はポルトラーノ海図（13世紀後半イタリアで考案された沿岸航海用地図）やメルカトル図法の海図であった．コンパスの32方位やそれに連接した交線網が描かれ，マレー人，インド人，中国人，イスラム商人，航海者などによる沿岸の情報が中心であった．

　当初はポルトガルやスペイン，後にはオランダやフランス，イギリスが地図製作の主人公となる．しかしマレー半島の西岸のマラッカ（15世紀以降のイスラム港市国家，のちにポルトガルやイギリスが占領），ペナン（1786年以降イギリス植民地）などのマラッカ海峡の要地や，シンガポール（1819年イギリス人居留地創設）以外の内陸部には地図上の空白地域が多かった．インドシナ半島は，アンコール，パガン，アユタヤ，歴代のベトナム諸王朝など強大で広範な権力をもった王朝が存在した「旧世界」である．ただ，モルッカ諸島の香辛料やマラッカのような戦略的位置に恵まれなかったので，1800年時点でヨーロッパ列強の保有領土はまったく存在しなかった．

　変化の胎動は1820年代に始まる．インドを支配していたイギリスはビルマの周縁部であるヤカイン王国（アラカン）を武力で1824年に併合，第2次英緬戦争（1852年）で下ビルマとテナセリムを植民地化して，シャムへ食指をのばそうと虎視眈々としていた．インドシナ半島の19世紀は，イギリス・フランスのヨーロッパ2大列強が既存の王権の周縁から核心へと蚕食していく過程であった．

クロウフォードの地図

　シャムは17世紀にアユタヤを首都としてポルトガル，フランスや日本，中国などとの交易で利益をあげていた．1767年ビルマの侵入によってアユタヤ王朝は滅亡し，1782年，約80km下流のバンコクにラタナコーシン朝（チャクリ朝）が成立した．

　1821年には，スコットランド出身の医師・博物学者であるクロウフォードが，最初の大規模なイギリス使節団として，シャムとコーチシナのサイゴン，フエ，ホイアンを訪問した（John Crawfurd: *Journal of an Embassy to the Courts of Siam and Cochin China*，1828年）．図1はその報告書のインドシナ半島図である．実測図ではなく，旧来の情報と使節団が収集した情報を編集したものである．イギリスが領有していたマレー半島北部のケダーで，南下してきたシャムと対峙する緊張下の使節団である．報告書には使節団の日誌，相手国との交渉の詳細に加えて，国内の情勢，物産などが記載されている．

　この経緯線をもつ地図の第1の特色は，長大な3列の南北の山脈によってインドシナ半島が4区分されていることである．西からビルマのヤカイン・テナセリム地方，シャム主部，ラーオとカンボジア，コーチシナである．サルウィン，メナム，メコンの3大河川が収斂する現在のタイ北部，チェンマイが位置する部分は「北ラーオ」となっている．シャムと北ラーオの境はスワンカローク付近で地図に点線で示される．シャムはチャオプラヤ（メナム）川の中央平原に核心があり，現在の東北タイや北タイは本来の領域とは認識されていなかった．またメコンデルタはカンボジア，つまりクメール人の領域であり，バッタンバン周辺ではシャムと入り交じっていた．

　この図には本来はもっと東を曲流するメコン川

I．地図と政治

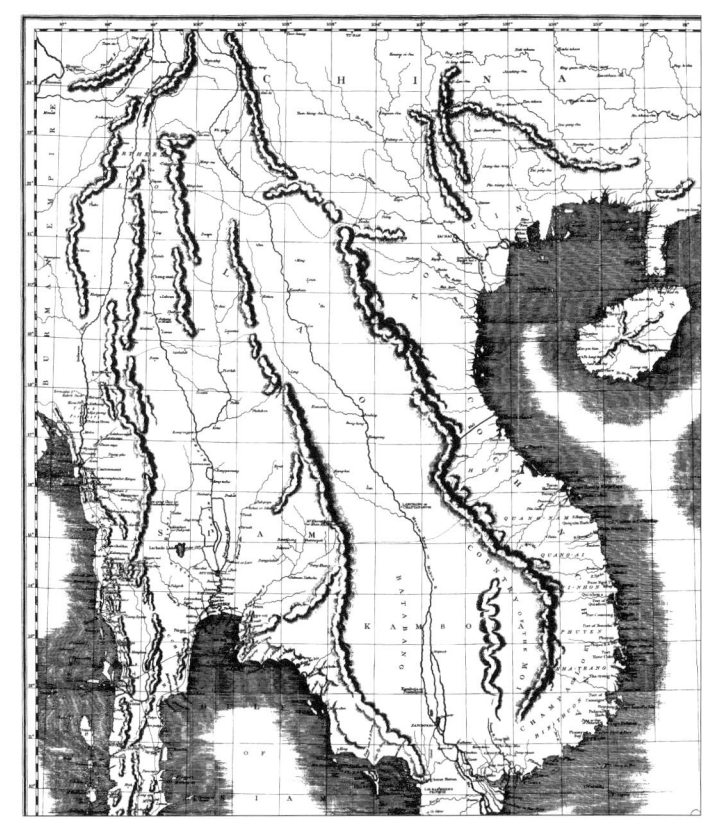

図 1　クロウフォードのシャム・コーチシナ地図（1828 年）

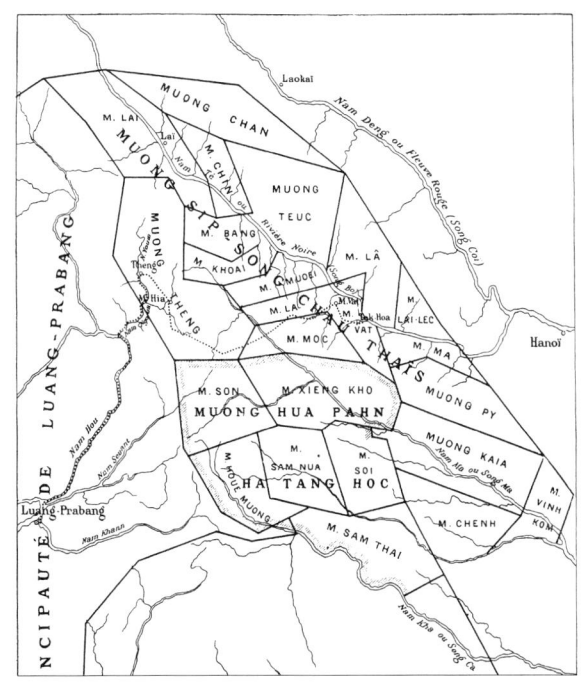

図 2　パヴィによるメコン左岸ムアン領域図（A. Pavie
　　　（1999 年復刻版）より一部を使用）

がほぼ南北方向に直線的に描かれ，アンコール諸遺跡のあるトンレサップ湖周辺の記載はきわめて少ない．その北の延長部のメコン中流域は形状のゆがみも大きく，地名もほとんど記入のない弱小諸首長国の錯綜フロンティアであった．19世紀後半以降，ここがイギリス，フランス，その間に存在した独立国シャムの三つ巴で，この空白部のメコン中流域に近代的国境をいかに引くかの駆け引きの場となる．この地域は14世紀にランサン王国が大きな勢力を誇ったあと，ルアンプラバン，ビエンチャン，チャンパサックの3王国に分裂し，18世紀後半にはタイの属国となっていたが，その境界は明確でなかった．

マッカーシーとパヴィの出会いとムアン領域図

インドシナ半島で英仏の緊張が高まるなか，シャムの政府顧問として，イギリス人J.マッカーシー（James McCarthy）は，1881年から93年にかけてメコン中上流における支配領域確定のための三角測量・地形測量を行う．チャオプラヤ川の中下流域のみを直接統治していたシャムは，英仏の脅威を感じながらも，巧みにメコンの中流域のラーオ人や山地諸民族の住む空間に領土拡大の意欲をみせる．

マッカーシーはルアンプラバンからメコンの支流ウー川を遡ったところに位置するムアン・テーン（Muang Theng），現在のベトナムのディエンビエンフーに向かう．シャムはこの地域の覇権を握るためにホー征伐を理由に探検・測量する．シャムはここでの宗主権を再確認し，ベトナムとその後ろ盾にいるフランスに先んじて覇権を握ろうとした．ホーとはラーオ語で雲南人を意味し，太平天国の乱で敗走し南下した華人匪賊の総称である．当時，ホーは上ラオスの小首長国を襲って略奪，破壊と占領を繰り返していた．

この地域一帯には，地方的な首長が山間盆地の「町」を中心にその周囲に支配権を行使する小さなクニが群立する．この「町」—その多くは城壁，濠などの囲郭を伴う—がムアンだが，直接・間接の住民支配域もムアン（＝クニ）という．この二重の意味を内包する地域首長国は，域内集落の住民を支配するとともに，より大きな外の権威（シャム，中国，ベトナムの諸王朝）による承認や朝貢によって首長権力が維持されてきた．

タイ語やラーオ語でこの地域のムアンはソーンファイファー（songfaifa），サームファイファー（samfaifa）と呼ばれていた．ソーン（2），サーム（3）という数詞が，いだく最高君主の数を意味した（J. McCarthy: *Surveying and Exploring in Siam*, 1900年）．

マッカーシーはこの踏査の途次，フランス人探検家で，副領事としてルアンプラバンに滞在していたA.パヴィ（Auguste Pavie, 1847～1925年）に偶然出会う．両人は複雑な思いを胸に秘めながら一時はいっしょに川を遡っている．

図2はシャムが宗主権を主張するメコン左岸におけるムアン群の支配の及ぶ範囲をパヴィが描いたものの一部である（A. Pavie: *Atlas of the Pavie Mission: Laos, Cambodia, Siam, Yunan, and Vietnam*; *The Pavie Mission Indochina Papers 1879-1895* Vol. 2, 1999年英訳版）．シップソーンチュタイと呼ばれる小首長国群の盟主的位置にあるプータイ族のムアン・ライ（Muang Lai）は，中国，トンキン，ルアンプラバンのサームファイファーで，その南に隣接するムアン・テーンはライ，トンキン，ルアンプラバンのサームファイファーであった．このような支配のあり方はタンバイア（1976年）が「中心がその外縁を決定する．首都の名が国（ムアン）の名となり，中心の光の強さによって，その範囲は振幅する」というアユタヤ王朝を範として論じた銀河系政体説にも通じる．双系制社会では明確な系譜概念をもたず，人と人が諸々の契機で結びつく．王の権力は朝貢国や属国的な扱いを受けてきた周縁的なムアンではきわめて限られていた．

しかしフランスは実測地図を作成して国境を半ば強権的に引き，1899年の条約でシャムからメコン左岸地域を割譲させ，フランス領インドシナに編入する．ルアンプラバン王国のみ保護領として残し，あとを直轄植民地とした．実測地図の作成は近代的な領域国家を主張する既製事実となっ

図 3　パヴィの東インドシナ地図（1902 年，A. Pavie（1999 年復刻版）より引用）

た．図 3 のパヴィのインドシナ地図では，シャムとラオス，カンボジアの係争地に国境線は引かれていない．しかしその"実"であるラオスをフランスはシャムから奪い，一方シャムはこの犠牲の上にまがりなりにも国家としての独立を維持できたのである．
〔野間晴雄〕

文　献

リチャード・ティラー・フェル著，西村幸夫監修，安藤徹哉訳（1993）：古地図に見る東南アジア，学芸出版社．

トンチャイ・ウイニッチャクン著，石井米雄訳（2003）：地図がつくったタイ―国民国家誕生の歴史―，明石書店．

9．ロシア帝国と地図帳
―『シベリア地図帳』から『ロシア地図帳』へ―

　ロシア帝国による地図作成の歴史をみると，①17世紀後半から18世紀初頭にかけてのシベリア地図帳の整備，②18世紀前半におけるロシア地図帳の整備という2つの画期を見いだせる．これは，ロシアによるシベリア・北東アジア地域への積極的な学術的探検調査が行われた時期であると同時に，ロシア帝国の領域が確立されていく時期でもある．ここでは，①の時期を代表する地図帳としてレーメゾフ一族の作成したシベリア地図帳，②の時期における集大成としてロシア科学学士院が作成した1745年のロシア地図帳を取り上げたい．

シベリア地図帳

　1696年10月，モスクワのシベリア省からシベリアの地図を作成することがシベリア諸都市の行政機関に通達された．その内容は，各郡およそ215×140 cmの郡図を作成し，当時シベリアの行政中心地であったトボリスクではおよそ215×280 cmのシベリア全図を作成することである．各図には，すべてのロシア人村や先住民族を記述し，河川や地名，集落からの距離，旅程などを示すよう指示されていた（Bagrow, 1954年）．レーメゾフ一族の作成したシベリア地図帳は，この通達を受けて作成されたと考えられている．

　現在，レーメゾフ一族が残したシベリア地図帳には，①地図資料帳（Хорографическая чертёжная книга），②シベリア地図帳（Чертёжная книга Сибири），③官用地図帳（Служедная чертёжная книга）の3つが確認できる．いずれにおいても，全図と部分図（地域図）の組織化，目次・序文・凡例の整備，序文には作成過程の概要や使用した資料類の説明が付されており，地図帳としての基本的な要点は一応備えていた（船越，1976年）．図1は，レーメゾフ（С. У. Ремезов）作成の1687年シベリア全図であり，①の地図帳のなかの162番裏面に描かれているものである．シベリアとその南側を範囲としており，南を上にして描かれている．東は太平洋沿岸，西はウラル山脈，北は北極海沿岸，南は中国北部や青海，中央アジアまで描かれ，南東には日本の一部も見える．

　以下，トレース図（図2）をもとにレナ川からアムール川までの地域について述べる．左下の海は「氷海」（ラプテフ海付近）と記され，この海にレナ川が流れ込む．その南方にはヤナ川，インジギルカ川（インディギルガ川），コルイマ川（コリマ川）など，現代のロシア地図においても容易に比定できる地名が並んでいる．そのまま南に進むと，アナドウイリ川（アナディーリ川）の北側に岬がある．これがデジネフ岬であろう．その南方にはチュコト岬，ナバリン岬，オリュトルスキー岬と続き，それを廻るとカムチャッカ半島の東側にたどりつく．この7つの小さい川の流れ込む湾が，オホーツク海だと思われる．さらにアムール川があり，その正面にサハリンと思われる島がある．

　このように，従来のシベリア図に比べて，レナ川からアムール川にいたる北東アジアの部分が格段に詳細になっていると指摘されている（三上，1968年）．しかし，地図投影法は用いられておらず，あくまで未知なる土地の地理的情報の収集に重点が置かれていたことがうかがえる．

ロシア科学学士院作成のロシア地図帳

　図3は，ロシア科学学士院作成・1745年出版のロシア地図帳（Атласъ Россійской）のなかの「ロシア帝国総図」（約1：9,000,000）である．アトラスは，ロシア語，ラテン語，ドイツ語で作成されたものがあり，さらにロシア語版に3種，ラテン語版に2種の異版がある．いずれも，ロシア全図と19の部分図から構成されている．また，これらの地図作成には，1726年に設立されたペテルブル

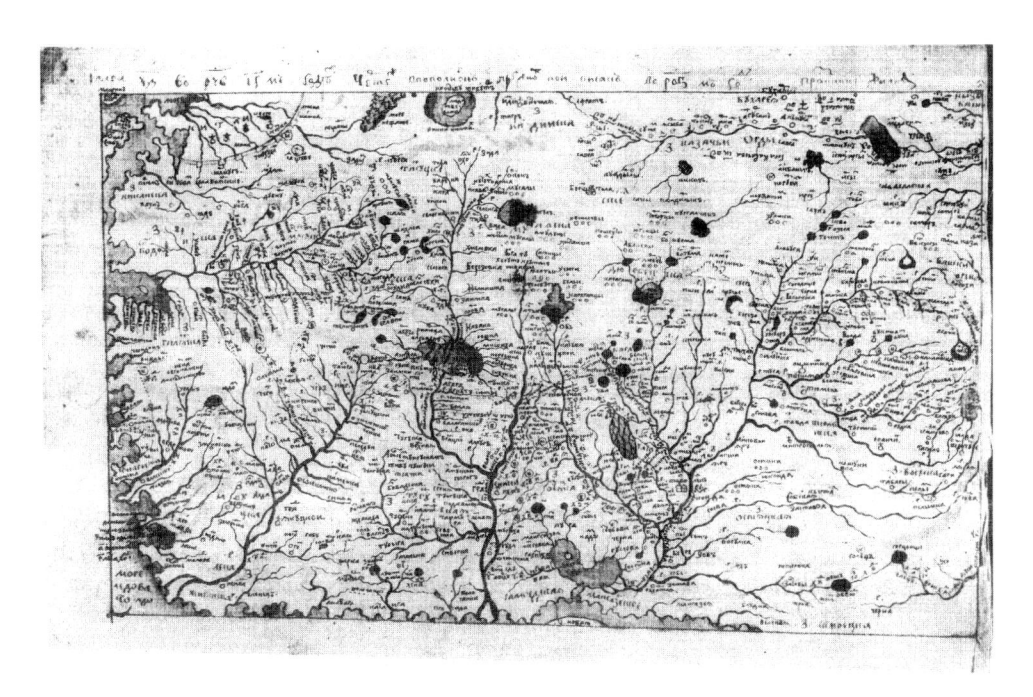

図 1　シベリア全図（1687 年，Leo Bagrow: The Atlas of Siberia by Semyon U. Remezov. *Imago Mundi Supplement I* (1958 年)）

1. この山脈の長さは誰も知らない
2. 海のあたりを山脈までは，陸地のそばを通って，氷塊が通航をゆるすならば，一夏で行けるが，氷塊が通航をゆるさなければ，3 年かかる

図 2　シベリア全図（1687 年）アジア北東部のトレース図（三上三利「一六八七年のシベリア図」(1968) p. 431）

9．ロシア帝国と地図帳　29

クの学士院付属天文台による科学的なデータが利用され，地図投影法は「ドリール図法」(2標準緯線を有する非透視正主距円錐図法) が用いられている (船越，1986年). これは，前述のシベリア地図帳が，地理的情報の収集に重点を置いていたことから比べると，地図の科学的な「正確さ」を格段に追求したものになっているといえよう.

この地図帳が作成されていく時代背景として，ピョートル1世 (在位 1682〜1725 年) 時代のロシアが，中央集権志向の強化，国内の近代化，対外的な権力拡張，というロシア史上の重要な画期であったことがあげられる. このことから，各地域の詳細な調査や地図化が行われ，中央における地図資料の蓄積が行われた. さらに，1724年には第1次カムチャッカ探検 (1725〜30年) の命令が下り，ピョートル1世の招聘によりロシア海軍に勤めていたベーリングを隊長とするおよそ60名以上の調査隊が，翌年1月にペテルブルクを出発した. また同年，ロシアに科学学士院が設立され，ロシアにおける地図作成事業の中心機関となった. ロシア科学学士院には，1726年にフランスから天文学者ドリールが招聘され，天文学的・測量学的な基礎作業に着手することになった. 結局，ドリールの計画は，広大なロシアの全領土を測量することは無理があったため，実行不可能なものではあったが，彼の業績は，東西に長いロシア帝国の領土を表現することに適した投影法の考案，として残った.

その後，第1次カムチャッカ探検の成果を取り入れた1734年のキリーロフ (И. К. Кирилов) によるロシア帝国全地図帳 (Атлас Всероссийской Имерии) の出版，さらに学士院指導による第2次カムチャッカ探検 (1733〜41年，別名第1次学術探検) も行われた. そして，ピョートル1世の死後20年を経て，その集大成であるロシア地図帳が完成したのである.

〔山田志乃布〕

文献

L. Bagrow (1954): Semyon Remezov—a Siberian cartographer. *Imago Mundi*, Vol. 11, pp. 111-125.
船越昭生 (1976)：北方図の歴史，講談社.
船越昭生 (1986)：鎖国日本にきた「康熙図」の地理学的研究. 法政大学出版局.
三上正利 (1968)：一六八七年のシベリア地図. 小牧実繁先生古稀記念論文集『人文地理学の諸問題』，大明堂.

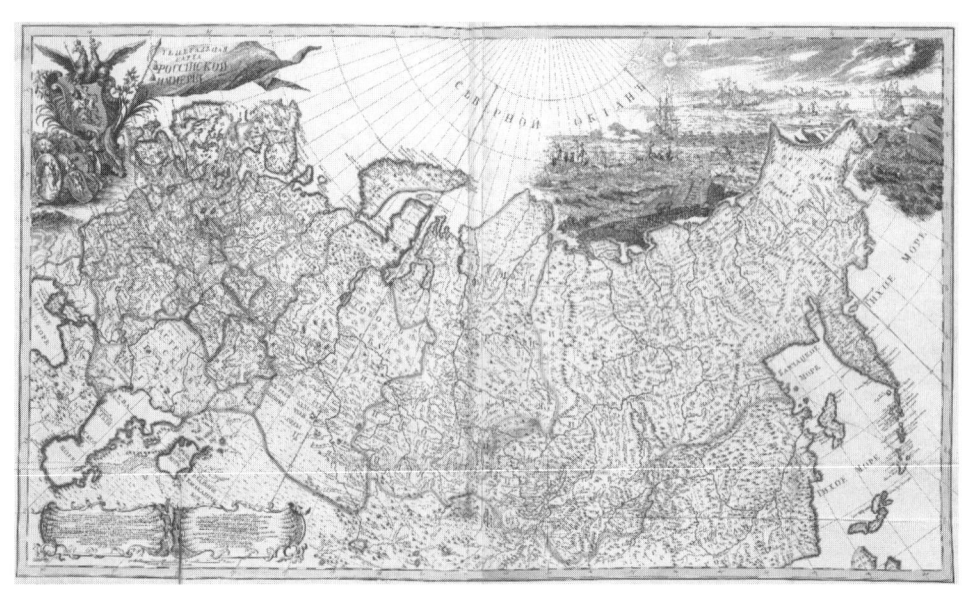

図 3　ロシア帝国総図 (明治大学図書館蔵)

第II部 地図と宗教

■宗教的イデオロギーに基づく宇宙観ないしは世界観は明快である．たとえば，旧約聖書の『イザヤ書』では，「彼（ヤハウェ）は蒼穹の上にすわり　地に住む者は蝗にひとしい　天を絹布のようにひきのばし　これを天幕のようにひろげ住む」（関根正雄訳）とされ，コーランでは，「（アッラーこそは）汝らのために大地を置いて敷床となし，蒼穹を（頭上に）建立し，……」（井筒俊彦訳）となり，また仏教では金輪上にメル山（須弥山）を中心とする巨大な大陸が想定されており，いずれも平盤な大地とそれを覆う宇宙という構図である．

■また，現代の地図は北を上位として作成するのが一般的であるが，その根拠は定かではなく，ヨーロッパなどの「先進国」が北半球に位置するため，自らを上位とする世界観から北を上にしたという解釈がある．これに反発したオーストラリアでは，南を上にした「マッカーサー世界図」が作成されてもいる．しかし，キリスト教ではエデンの園の位置する東，イスラム教ではキブラの方向である南，仏教では香酔山のある北というように，いずれもパラダイスの方向を「聖なる方位」として明確に規定し，それを上位とする地図が作成されてきた．同様に，世界の中心はそれぞれエルサレム，メッカ，大雪山（ヒマラヤ）にあり，それを境界として聖俗の二項対立が強調される．

■第II部では，宗教を主題とする日本で作成された地図の5章と外国で作成された地図の3章から構成される．またローカルな寺域図，寺内町図から，ルート的な参詣図，さらに世界ないしは宇宙を語る典型的な三大宗教図とアボリジニー図におよぶが，これらすべてを宗教的イデオロギーのみで解釈することはできず，「世俗」が多分に埋め込まれている．それは現実的な環境認識であったり，儀礼ツールであったり，またサウンドスケープであったりする．宗教図を聖典との対比によって解釈すると同時に，こうした豊かで多彩な内容を読み取ってもらいたい．

■上の旧約聖書の詩篇に添えられた小型（14.3×9.5 cm）マッパエムンディは，大型のヘリフォード図と同じ非図式的三分型の様式をとるが，現実的ヨーロッパと非現実的アジア・アフリカの対照が鮮やかに浮かび上がっている．とりわけアフリカ南部（右端部）の奇妙な人種像群や，アジア北部（左上部）の城壁に閉じ込められたゴグ・マゴグ王国から，中世ヨーロッパ人の精神世界の一端を垣間見ることも可能であろう．

〔長谷川孝治〕

10. 仏教系世界図の展開

仏教系世界図とは

　地図といえば実地調査に基づく「点」と「線」，そして記号化された対象物が入り混じって作成される客観的な存在である．しかし，過去の地図史を探ってみると自分たちの有する世界観やドグマ（教義）といった，いわば主観に立脚して描かれた世界図が存在する．たとえばヨーロッパの中世において「TOマップ」と呼ばれる，キリスト教的世界観に基づく世界図などはその好例といえよう（17章参照）．

　日本では16世紀中頃から西欧諸国との交流が始まり，後の歴史に甚大な影響を及ぼすキリスト教や鉄砲がもたらされるが，それらに勝るとも劣らない衝撃を与えたものとして世界地図の伝来がある．ヨーロッパ文明が描き上げた新たな世界の姿を，この時期に日本人は知ることになるのである．しかし当然のことながら，それ以前の時代には日本固有の伝統的世界観とそれに基づく世界図が存在していた．つまり，仏教思想に基づく世界観があり，それを表現した仏教系世界図が描かれていたのである．それはどのようなものであったのか見てみよう．

　仏典の『倶舎論』によると，われわれの住む世界は須弥山という山の南の方角にある大陸「瞻部洲」であるとされている．仏教徒にとっては須弥山の南にある瞻部洲，つまり「南瞻部洲」が人の住む大陸であり，その形態は北に広く南に狭い卵形となっている（図1）．その中心に無熱悩池（阿耨達池）という水源があり，そこから仏説の4大河川が流れ出ている．日本列島は，その大陸から隔たった海上に浮かんでいるというのである．そのような構図（図2）を表現した中に，国名（大陸中に天竺と中国，海上に日本）や地名をあてはめたものが，伝統的な仏教系世界図なのである．

　中世の北畠親房『神皇正統記』（1339年）を見ても，瞻部洲という大陸とそこから海を隔てて日本列島があるとされている．

「凡内典の説に須弥といふ山あり．此山をめぐりて七の金山あり．……此海中に四大洲あり．洲ごとに又二の中洲あり．南洲をば瞻部と云くまた閻浮提云．同ことばの転也〉．……南州の中心に阿耨達といふ山あり．……日本は彼土をはなれて海中にあり．」（岩佐正校注『神皇正統記』岩波文庫）

　このような考えに基づく世界図の，現存最古の例として奈良県法隆寺蔵『五天竺図』（鎌倉時代，14世紀）が知られている．この図には玄奘三蔵の『大唐西域記』に基づく地名や国名が記され，玄奘の旅程を朱線で引くことにより，天竺の仏蹟案内図ともなっている．基本的には天竺（インド）図であるが，右上には震旦国（中国），海上に日本がある（図2）．日本は『倶舎論』や『大唐西域記』には記載されていないので，自らを瞻部洲の中に位置づける努力がなされたのだろう．

　いわゆる三国世界観を表現した結果だが，東辺の「粟散辺土の島国」という国土認識にも結びつく．このような世界観はおそらく仏教の教えとともに日本に伝来したと考えられるが，9世紀初めの最澄の著作『内証仏法相承血脈譜』に「三国」という表現がみられるところから，その頃には成立していたと考えられる．

　仏教に基づく伝統的な宇宙論・世界観の思想が一般的にどれほど認識されていたかは別として，西洋文明と接触する以前の日本人にとっては，世界とは基本的に本朝（日本），唐（中国），天竺（インド）という三国から成り立っているものと考えられていた．これら三国をもって世界を意味するわけだが，現代においても世界一という意味を込めて「三国一の花嫁さん」などと使われているのは，その名残である．

図1 『世界大相図（部分）』（存統，1821（文政4）年）

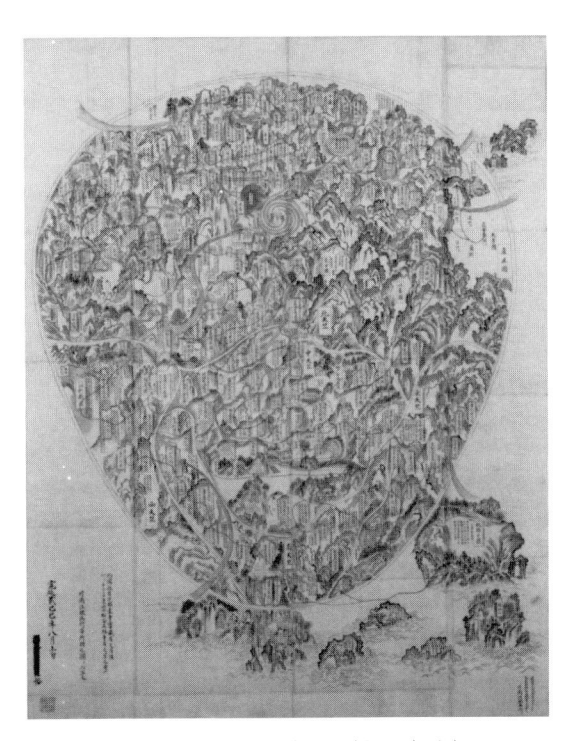

図3 『天竺之図』（1749（寛延2）年）

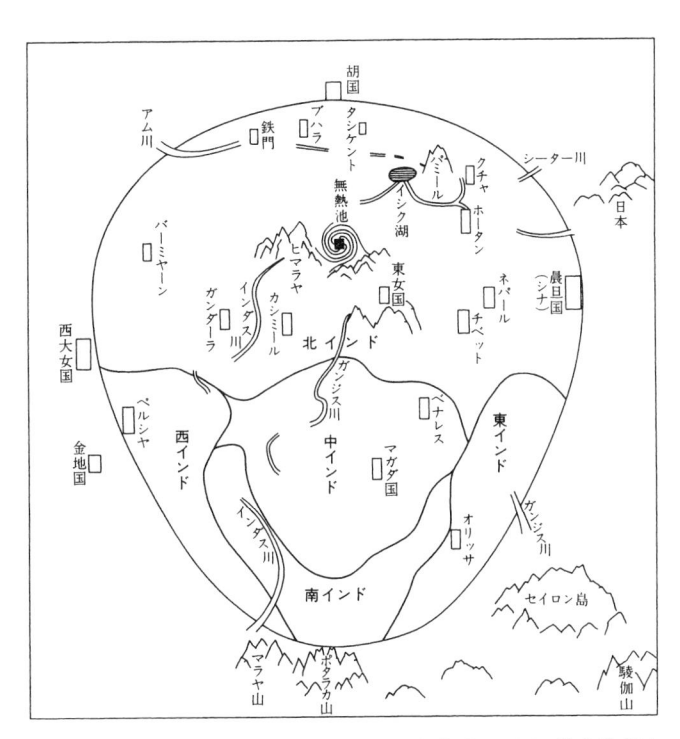

図2 法隆寺蔵『五天竺図』を基にした，仏教系世界図の構造模式図（「日本古地図大成 世界図編」同解説 p.3 より）

10．仏教系世界図の展開

生き続ける仏教系世界図

そして興味深いことには、ヨーロッパから新しい世界観と地図が入ってきた後も、この伝統的世界図は駆逐され消え失せてしまうのではなく、近世江戸時代を通じて生き残ってゆくのである。たとえば『天竺之図』(1749年，図3)は法隆寺蔵『五天竺図』の内容をほぼそのまま踏襲しており、伝統的世界観の存続を示している。

さらに伝統的世界観の支持者たちは，その原形をそのまま守り通すのではなく，時代に応じてその内容と姿を変容させてゆく．具体的には，目の前を通るオランダ人など，新たに判明した「外国」を自分たちの世界図の中に位置づけたり，新知識に基づき日本列島や朝鮮半島などをより大きく正確に描いたりする作業を行っていくのである。

その試みは18世紀初期の宝永期頃に描かれる仏教系世界図の中にみられる．大型手書図『うちわ型仏教系世界図』(図4)や，1710 (宝永7)年に木版刊行される『南瞻部洲万国掌菓之図』(図5) などは，中国や朝鮮半島そして日本付近の描写がより実態に近い姿となっている．また，その中に阿蘭陀(オランダ)などヨーロッパ諸国の名が記されるようになり，さらに後者には「伯西見」(ブラジル)といったアメリカ大陸に関する知識も散見できる．図5は伝統的世界観を表現する仏教系世界図としては最初の木版図だが，その寸法(120×150 cm程度)と内容の詳細さを併せ考えると，江戸時代に刊行された世界図の中でも逸品といえよう．刊行にいたる準備と手間を考えれば，生半可な態度で作成された世界図ではないことは明らかである．

『南瞻部洲万国掌菓之図』は大型木版図だが，小型で簡易な図も普及してゆく．たとえば1744 (延享元)年に刊行される花坊兵蔵『南閻浮提諸国集覧之図』(図6)では，中の地名を仮名書きするなど，より親しみやすい工夫がなされている．この図の後刷版には，図中に「阿蘭陀舩」，「南京舩」などの外国船をあしらったものがある．幕末においても『万国掌菓之図』と称する簡易版が刊行されており，民間レベルにおいても仏教系世界図の息の長さがうかがえる．

また，時代に応じた仏教系世界図の変化として注目されるものに，浄土宗の存統による3部作がある．1821 (文政4)年刊の『世界大相図』は仏教的宇宙を図解し(図1)，中央に須弥山がそびえ南に人の世界である「瞻部洲」が描かれる．その世界(「瞻部洲」)の姿を図示する『閻浮提図附日宮図』では，ヨーロッパ系世界図を転用しており，仏国土天竺を描く『天竺輿地図』でも新しい知識に基づくインド大陸の姿を示している．存統は従前とまったく異なる地理像を採用しているものの，天竺の仏蹟と玄奘の旅程を示すという従来の主旨は守りとおすのである．存統の師である円通も仏教的世界観の論客であり，著作も多い．

このように，仏教系世界図の存在と刊行流布，時代状況に応じた改変などを確認すると，その地位は近世においても決して侮れないものであることがわかる．江戸時代には長崎を通じてヨーロッパや中国といった文明の異なる世界観や世界図が流入してくるわけだから，このことは仏教的世界観を有する人々の護法的活動のあらわれとみなすこともできよう．

こうした仏教系世界図は，幕末まで刊行され続け，1876 (明治9)年6月22日の政令で公に「須弥山説」を唱導することが禁止されるまで，庶民の間における重要な世界認識の1手段であったといえよう．

〔三好唯義〕

文　献

織田武雄ほか編 (1975)：日本古地図大成 世界図編，講談社．

室賀信夫 (1983)：古地図抄，東海大学出版会．

室賀信夫・海野一隆 (1957, 1979)：日本に行なわれた仏教系世界地図について．地理学史研究第1集，柳原書店．(臨川書店，復刻)

室賀信夫・海野一隆 (1962, 1979)：江戸時代後期における仏教系世界図．地理学史研究第2集，柳原書店．(臨川書店，復刻)

荒野泰典 (1996)：天竺の行方―三国世界観の解体と天竺―．中世史講座11巻，学生社．

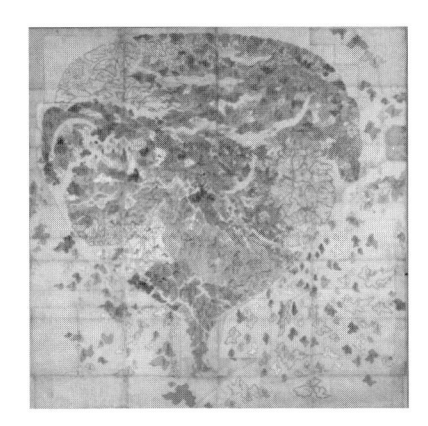

図4 『うちわ型仏教系世界図』(左)・同ヨーロッパ部分 (右)(宝永年間(1704〜11年)頃)

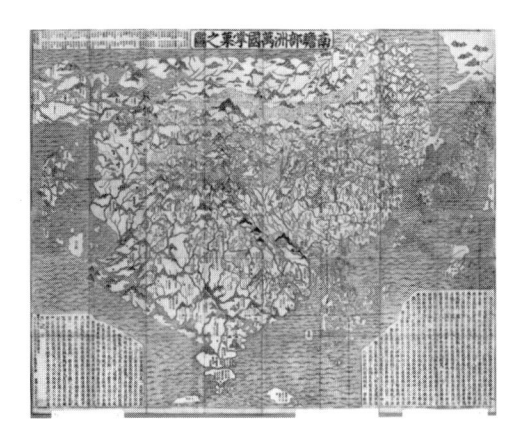

図5 『南瞻部洲万国掌菓之図』(左)・ヨーロッパ部分 (右)(鳳潭(ほうたん), 1710(宝永7)年, 神戸市立博物館蔵)

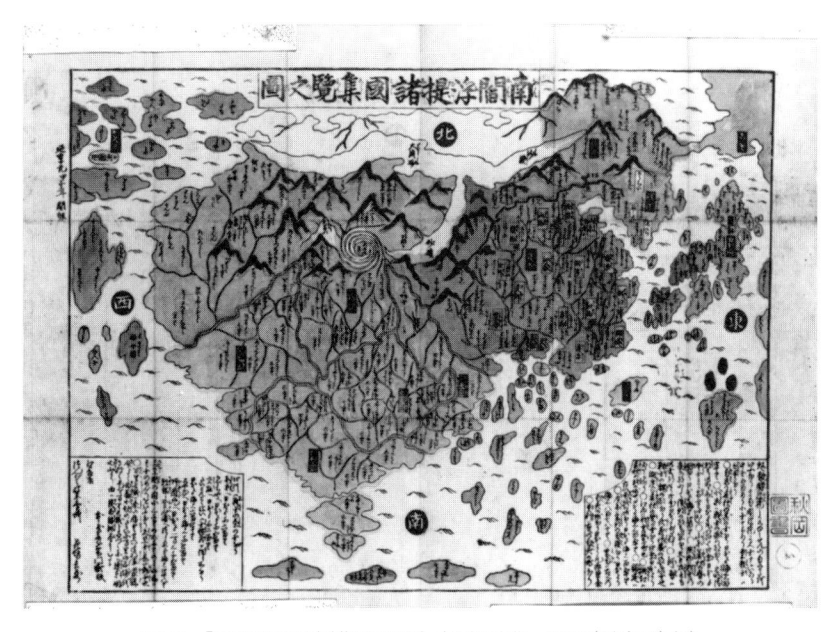

図6 『南閻浮提諸国集覧之図』(花坊兵蔵, 1744(延享元)年)

10. 仏教系世界図の展開

11．人々に信仰された地図
―「春日宮曼荼羅」―

春日宮曼荼羅

　図1は，信仰の対象として用いられていた絵図で，作成は鎌倉時代である．近世において奈良の南市町の春日講が儀礼で用いていたが，現在では使用していない．しかし，この絵図に類似する絵図（春日鹿曼陀羅）を用いた儀礼が，奈良の京終町の春日講で，今日も行われている（図3）．

　この絵図は，中世から近世にかけて，興福寺と春日社が一体であった頃の「春日」の，神仏の姿を表現したものである．絵図は東を上とし，下方から上方へ移行するにつれて場所の聖性が高まっていく構図である．以下，絵図の下方から上方に向かって説明する．

絵図の構成要素とその意味

　一の鳥居から二の鳥居までが，主に興福寺が支配する境内である．図の左手に興福寺の塔（春日御塔と呼ばれていた）が見える．現在，このあたりに奈良国立博物館がある．一の鳥居の右手に松が描かれている．この場所へ，「春日」の神仏が来臨すると考えられていた．春日若宮おん祭りでは，この松へ芸能を披露する．なお能舞台の背後に描かれる松は，この松が起源である．

　二の鳥居から山麓までは，主に春日社が支配する境内である．図の左手に春日四社が見える．この四社は，奈良時代の春日社創建時から存在する．一方図の右手に，春日若宮社が見える．これは12世紀に創建された社で，興福寺の影響が強い．なお杉は春日四社に，松は春日若宮社に関連した場所に描かれる傾向がある．

　春日社の上方には，5つの円鏡と，その中に5つの仏が描かれている．円鏡は神道の神を象徴し，仏像は仏教の信仰の対象を象徴する．この図像は，春日社と興福寺が一体であったことを意味する．5という数は，前述の春日四社と春日若宮社の社を合わせた数である．

　次に，絵図上方の山の部分を説明する．手前の三角形の山容をした山が御蓋山であり，その背後の山が春日山である．山の木々は，その葉が青々と描かれている．「春日」では，山の木々の葉が青々としていることが，神仏が山に坐す証であると信じられていた．山の左手には月らしきものがある．これは，現実世界の月というよりはむしろ，この山が神仏の世界であることを象徴するものである．

　絵図全体としてみると，「春日」の境内と山の双方において，杉や松が青々と茂り，桜や梅が満開に咲き誇った状態で描かれている．桜や梅が同時期に咲くことはほとんどないことから，この絵図は現実には存在しにくい風景である．

　結論として，この絵図に描かれた「春日」の神仏の姿とは，描かれた場所の植物が命のエネルギーに満ち溢れた状態となる，観念上の春の風景であったと考えられる．

〔川合泰代〕

　付記　一般的に「春日宮曼荼羅」は，「かすがみやまんだら」と呼ばれている．しかしながらこの絵図が春日講（しゅんにちこう）の人々によって用いられていたことを考えると，この絵図は「しゅんにちみやまんだら」と呼ぶ方が適切であろう．

文献

川合泰代（2006）：近世奈良町の春日講からみた「聖なる風景」―春日曼荼羅と儀礼の分析を通じて―．人文地理，58巻2号．

奈良国立博物館編（1997）：春日信仰の美術，奈良国立博物館，pp. 20-21.

瀬田勝哉（2000）：春日山の木が枯れる．木の語る中世，朝日新聞社．

図1　春日宮曼荼羅（奈良市南市町自治会蔵，奈良国立博物館保管，写真は同博物館の図録より転載）

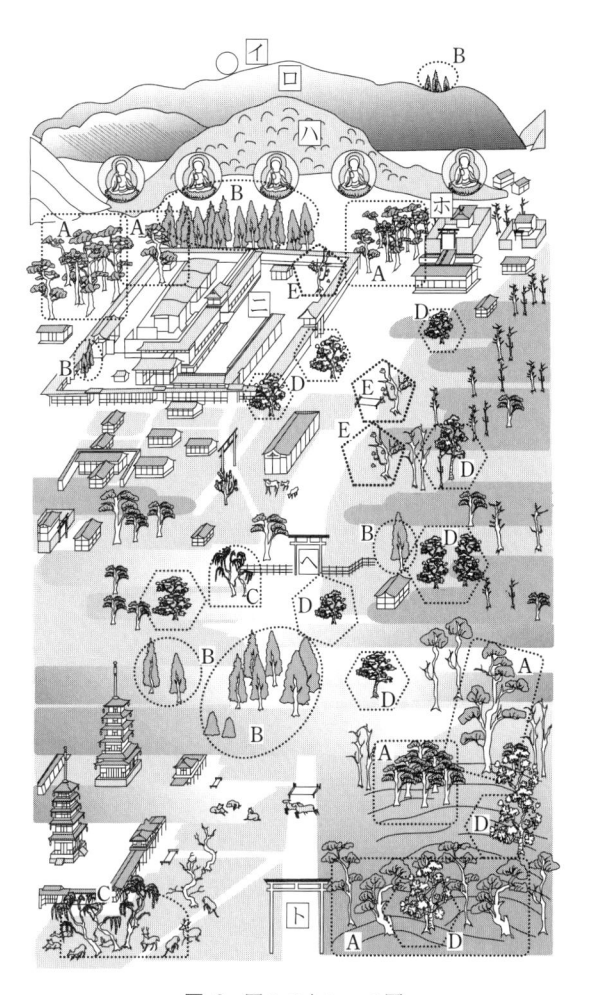

図2　図1のトレース図
A：松　B：杉　C：柳　D：桜　E：梅
イ：月らしきもの　ロ：春日山　ハ：御蓋山　ニ：春日四社
ホ：春日若宮社　ヘ：二の鳥居　ト：一の鳥居
樹木名は奈良女子大学の高田将志助教授と奈良佐保短期大学の前迫ゆり助教授からのご教示による．
作図は高野明子氏による．

図3　京終町春日講の祭壇
床の間の中心は春日鹿曼荼羅．床の間の上下を飾る帯状のものは，竹の枠に杉の葉を敷き詰めたもの．2001年，筆者撮影．

11．人々に信仰された地図

12. 建長寺正統庵領「武蔵国鶴見寺尾郷図」に描かれた景観と音を読む

「武蔵国鶴見寺尾郷図」は，中世における東国社会の広域の景観が描かれた唯一の貴重な絵図である（図1）．「郷図」は，幕末頃まで現地の松蔭寺に伝えられてきたが，その後寺外に流出し，現在は神奈川県立金沢文庫に所蔵されている．

■「郷図」の形状と作成年代

「郷図」は，6枚（横2枚，縦3枚）の和紙を継いで作成された紙本着色の絵図で，絵図全体の大きさは，89.5×88.0 cmである．裏の紙の継目には，北条氏系の花押が書かれており，「郷図」が原本であることが判明する．

また，裏面の端に「建武元　五　十二　正統庵領鶴□□□図」と墨書されており（図1），本図が南北朝初頭の1334（建武元）年の5月12日に作成された絵図であることが判明する．

■「郷図」に描かれた地域の領主と争論

裏面に「正統庵領」と記されているように，「郷図」に描かれた地域は，鎌倉五山の筆頭として重きをなした，臨済禅の大本山である建長寺の塔頭の1つである正統庵領であった．従来，「郷図」に関連する文書がきわめて少ないために，「郷図」のみを読み込んできたが，近年，足利氏所縁の京都の真如寺より次の文書（1350年）が発見され，絵図の作成意図が明らかとなりつつある．

　　小笠原十郎長季後家尼恵性申，武蔵国寺尾郷地頭職事，訴状副奉書案如此，早速召進雑掌於京都，可被明申之状，依仰執達如件，
　　　　観応元年九月廿四日　　　　（上杉憲顕）
　　　　　　　　　　　　　　　散位　（花押）
　　　　正統庵塔主

一見すれば明らかなように，「郷図」を3分割するように，図の右上から左下に，また，中央から右下に，2本の太い墨線が引かれている．3分割された「郷図」の西域には「寺尾地頭阿波国守護小笠原蔵人太郎入道」の文字が記されており，上記の文書と関連して，寺尾郷の領有と地頭職をめぐって，足利尊氏の近臣であった阿波国守護の小笠原長義と訴訟が続いていた．同じく，3分割された「郷図」の北域には「末吉領主三嶋東大□」と記されており，末吉郷の領有をめぐって，伊豆の三島大社の神主である東太夫との争論もおこっていた．旧来，「郷図」をこれら3者による訴訟後の和解に基づく「和与図」であるとの見解も出されていたが，上記の新出文書によって，領主である正統庵が作成した，寺領回復をめざした訴訟図である可能性が高くなった．

■「郷図」に描かれた地域の概要

「郷図」に関しては，現地調査を踏まえた高島緑雄による詳細な研究が刊行されており，「郷図」の方位が確定され，描かれた地物の解釈と，現地における比定もなされている（図2, 3）．「郷図」に関する今後の研究は，高島によるすぐれた調査・研究からスタートすることになる．

「郷図」に描かれた四至（範囲）は，現在の横浜市鶴見区の東南部にあたり，東は現在も同じ所を流れる鶴見川，南は生麦から子安に至る海岸，西は西寺尾から馬場，北は北寺尾から下末吉に至る，東西南北およそ4km四方の地域である．正統庵が本来の領地であると主張する範囲は，「郷図」では墨で線が引かれた上に，朱線が引かれており，各所に「本堺堀」の文字が記されている．いまだ，発掘などで確認はされていないが，1 m前後の幅を有する堺の堀が掘られていた可能性もなお残されている．

「郷図」の中央に大きく描かれている「寺」の建物は，正統庵が現地を支配・管理するために建てた別所（政所）であると考えられ，東寺尾の中台

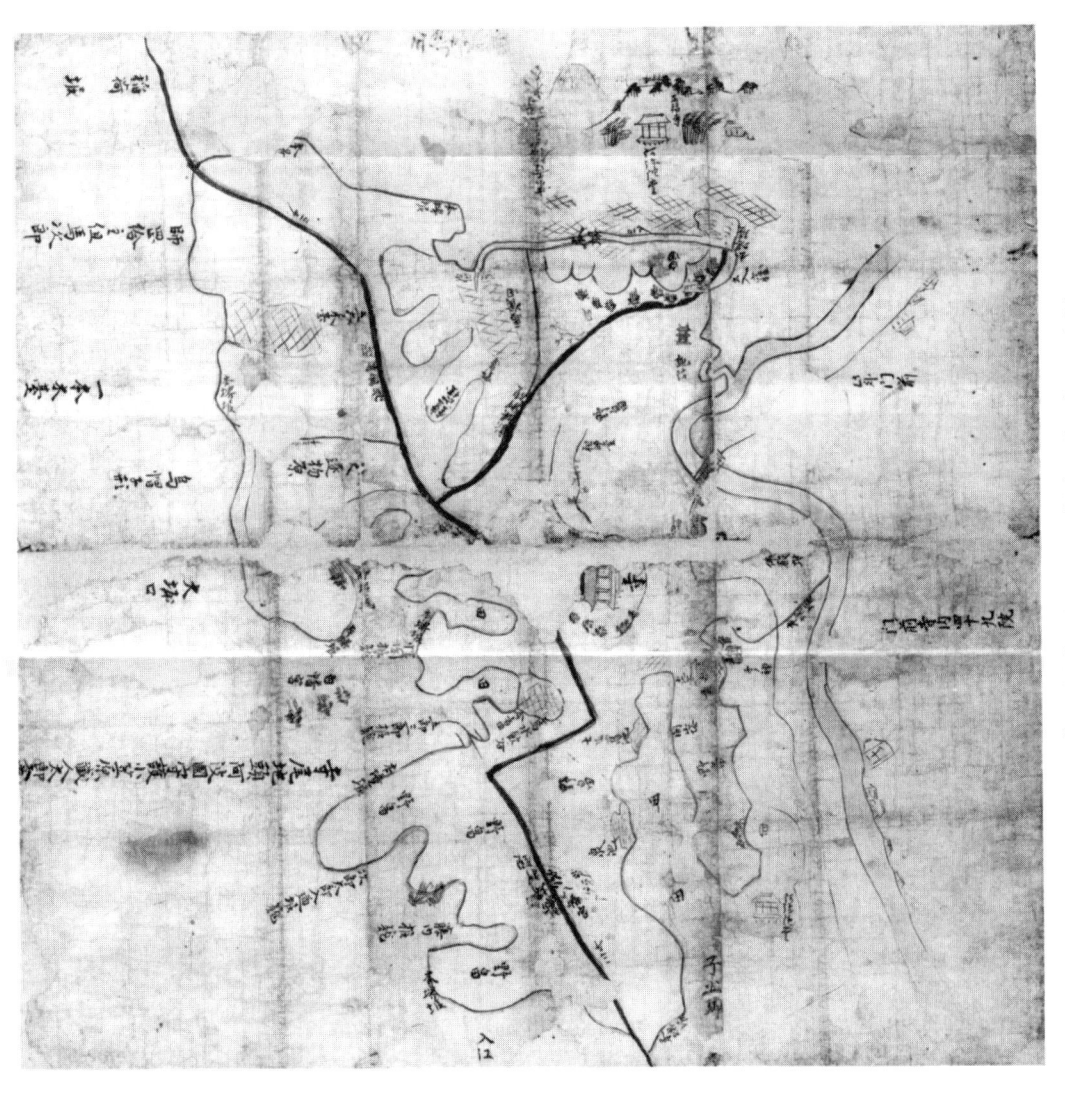

図1 「武蔵国鶴見寺尾郷図」（神奈川県立金沢文庫蔵）

に所在する小さな谷（寺谷）の奥に比定することが可能であり，禅寺の別所（政所）にふさわしい静寂の地である．

「郷図」に描かれた景観を読む

「郷図」の東部には，墨の 2 本線で鶴見川が描かれており，その一部には両岸に朱線が引かれている．朱線で囲まれた鶴見川の流域が，正統庵領となっていたと読むことも可能である．鶴見川には，川船や筏を用いた内陸水運による川手（税）などの経済的な利益や，鯉や鮒をはじめ汽水域にすむ魚類の食料確保としての効用などもあった．「郷図」には，中世の東海道（鎌倉街道下道）も描かれている．中世の東海道は近世の東海道に引き継がれ，その道筋は現在も追うことが可能である．鶴見川を渡る位置には板橋が描かれており，現在は鉄橋の鶴見川橋が架けられている．

鶴見橋の西には，「郷図」が破損していて読み取りづらいが，東海道に沿って数件の家屋が描かれており，中世の鶴見宿であると考えられる．鶴見郷では，南北朝の 1391（応安 4）年以前に古市と新市が開かれていたことが確認でき，宿在家と市庭在家が立ち並び，市日には多くの人馬や物資が行き交い，活況を呈していたと想定される．

「郷図」に描かれた「田」に関しては，高島がすでに詳細な検討を加えており，海水が交じる鶴見川からの用水ではなく，深く切れ込んだ谷奥に築造された谷池から用水が引かれていた．高島は，これらの谷に開発された湿田では，田植えに基づく植田ではなく，直撒きに基づく「摘田」がなされていたと想定しているが，史料的には近世前期まで遡れるのみである．

「郷図」の中央を占める本堺堀の内部には，「野畠」の文字が数ヶ所記されている．これら本堺堀の内部地域は，関東ローム層に属する下末吉面にあたり，鶴見川が流れる低地より 20〜30 m ほどの比高を有している．地力が劣るために，連年の耕作はできないが，数年耕作しては再び野に返す，粗放的な，文字通り野の畠であったと考えられる．冬作の麦をはじめとして，夏作の陸稲（野稲）や粟・稗・大豆，さらには野菜などが栽培されていたと想定される．これら「野畠」の領主であった建長寺では，中世以来，豆腐を加え，野菜を油で炒めて無駄なく食する「建長汁」が寺内で作られてきた．「郷図」に描かれた地域から上納された野菜を用いて建長汁が作られ，それを食して，寺内の禅僧が修業に励んでいたと想定することも楽しい．

「郷図」から聞こえる「声」と「音」

「郷図」を心静かに眺めれば，多くの「声」と「音」も聞こえてくる．

まず聞こえてくるのは，先にも述べた中世の東海道を行き交う人馬と，鶴見宿と鶴見市のにぎやかな喧騒である．「郷図」には「馬喰田」が描かれている．鶴見宿に馬喰たちがおり，売買のために多くの牛馬が飼われていたことは確実であり，これら牛馬のいななきが聞こえてくる．

次に聞こえてくるのは犬の悲鳴である．「郷図」北西の小笠原氏の押領域（現在の鶴見区馬場）には，「犬逐物原」の文字がさり気なく記されている．北域の寺尾郷を押領した小笠原氏は甲斐源氏の血を引く名門であり，関東ローム層の台地上で，武芸訓練の一種である「犬追物」を実施していたことが判明する．犬追物を行うためには，数十m四方以上の平地と，数十匹単位の犬を準備することが必要である．これらの犬を集めて飼育していたのは河原者と呼ばれ差別された人々である．犬追物の当日も，彼らは武士たちが鏑矢で射やすいように犬を放し，射た後の犬の処置も行った．武士たちは，鏑矢が当たって傷ついた犬を料理して，武芸の手柄として食していた．旧領主である建長寺の禅僧たちにとっては，もっとも堪え難い殺生の景観，「声」と「音」であったと考えられよう．

〔伊藤寿和〕

文献

高島緑雄（1997）：関東中世水田の研究．日本経済評論社．

伊藤寿和（2001）：「武蔵国鶴見寺尾郷図」に関する歴史地理学的研究．日本女子大学紀要・文学部，51 号，pp. 109-123．

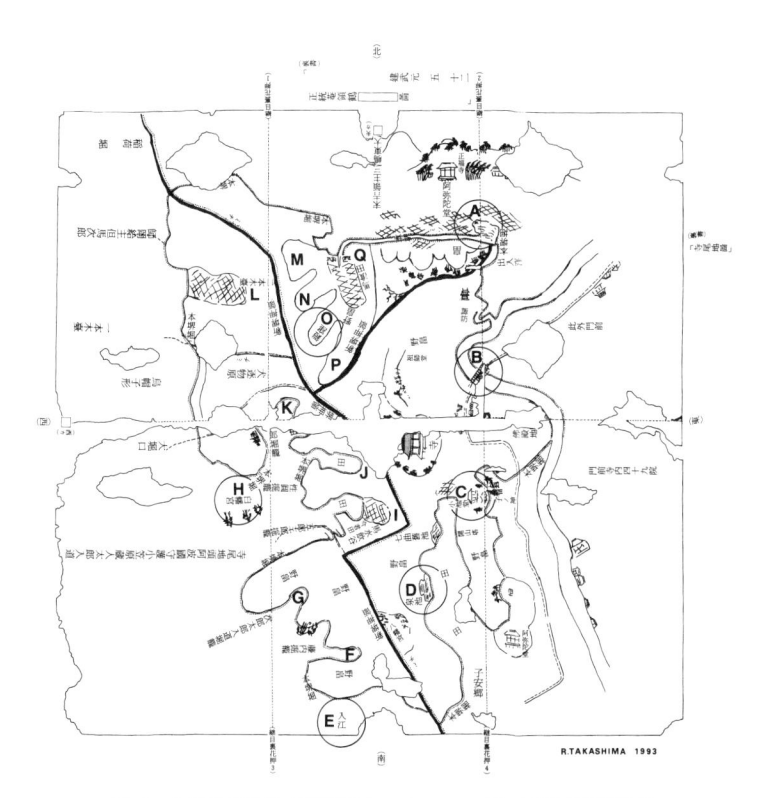

図2 「武蔵国鶴見寺尾郷図」のトレース図（高島緑雄原図）

図3 「武蔵国鶴見寺尾郷図」の現地比定図（高島緑雄原図）

13. 参詣曼荼羅
―勧進聖の絵解き絵図―

参詣曼荼羅とは

　参詣曼荼羅とは16世紀から江戸時代にかけて、寺社や霊山へ参詣者や巡礼者を誘う目的で描かれた絵図をいう。参詣曼荼羅という名称自体は研究上の便宜による学術用語であり、従来は境内図や古絵図などと称されてきた。この用語は1968（昭和43）年京都国立博物館で開催された「古絵図」展において用いられた。1987年には、参詣曼荼羅を正面から扱った展覧会「社寺参詣曼荼羅」展（大阪市立博物館）が催され、大型図録『社寺参詣曼荼羅』にまとめられた。北野社や吉野の参詣曼荼羅のように展覧会によって名称が変わる作例もある。名称には所蔵者の意向や国などによる指定名称が反映されることもある。

　参詣曼荼羅の一番の特色は、老若男女が僧俗や身分を問わず、霊場や参詣路に群集して参詣する様子が描かれていることである。上部には日・月輪や背景の山が描かれ、中部に寺社景観を隈なく配し、下部には参詣路が表現される。寺社の法会、祭礼の殷賑とともに聖地のコスモロジーが空間的に表現され、草創の縁起・伝説・霊験・開山僧などが異時同図的に織り込まれている。筆致は素朴で、人物や建築表現には類型化がみられるが、それだけに庶民にとって身近なタッチだといえよう。寺社宝となった参詣曼荼羅の現表装は掛幅装が多いが、かつて折り畳まれていたことを示す折れ跡が残る作例が多い。大勢の人が集まる場所に持ち運ばれて、勧進のために絵解きされていたのであろう。勧進聖（僧）たちは寺社や仏像の建立、修理などのために勧進状を持って諸国を巡り歩いて、善根功徳になると勧めて金品の寄付を募る勧進を行った。特に戦国・織豊期、多くの寺社領荘園が名目的なものとなり、朝廷や幕府などからの経済的援助を得られなくなった寺社は勧進に頼らざるを得なくなった。参詣曼荼羅の大きさは縦横とも1.5mにも及び、ほとんどが紙本である。この大きな掛幅を使って、一度に多くの人々に対して勧進の絵解きを行ったものと思われる。絵解きの内容は参詣への勧誘が主であったと思われるが、仏説の説経、寺社への募財、縁起や霊験譚、参詣作法の案内、名所旧跡や年中行事の紹介などを種々説いたものと思われる。言葉のみで抽象的に説教や勧誘するよりも、参詣曼荼羅による絵解きのほうが庶民に受け入れられやすかったのである。庶民は画面上の人物に自分たちを重ね合わせ、視覚と聴覚によりバーチャルな参詣を行ったとも推測される。勧進聖は寺社の「本願」、「穀屋」と呼ばれる施設に住し、御師の場合などは周辺に屋敷を持ち、地方に赴いたり、居住寺社内で勧進活動に従事した。画中には勧進柄杓を持って参詣者に喜捨を乞う僧、書写した法華経を納経塔に納める行脚僧六十六部（**図2**「那智参詣曼荼羅」に描かれる）、2人連れの高野聖など、勧進聖自身の姿が描かれている作例も多い。参詣曼荼羅に描かれた寺院は西国三十三所観音巡礼寺院が多く、特に、第一番札所である熊野那智山青岸渡寺を描く参詣曼荼羅の作例は多い。戦国時代頃より那智山の勢力が三十三所寺院の組織化に影響を与えたこともその要因の1つと考えられている。

「施無畏寺境内絵図」は参詣曼荼羅か

　かつて難波田徹は無人の「石動山参詣曼荼羅図」（石川県鹿島町）を筆法や構図の特色から参詣曼荼羅と特定した。和歌山県有田郡湯浅町の施無畏寺を描いた絵図（**図1**、同寺蔵）もまた、参詣者が描かれていない作例である。上は白上峰から栖原海岸、苅藻島に至る施無畏寺の境内地（1230（寛喜3）年「湯浅景基寄進状」には寺領四至が示される）と七堂伽藍が隈なく描かれる。上方に山を、下方に海を配し、白上峰から流れ出た川が寺内を通り

図 1　施無畏寺境内絵図文字情報（施無畏寺蔵）
　　　3ヶ所の明恵と石造卒塔婆については福原が比定した．

海に注いでいる．下の大門よりの参詣路は橋を渡って本道までたどり着く．人物は剃髪した墨染め衣の僧が4ヶ所と稚児が1人のみであり，それ以外の人々は描かれていない．本図は表装されておらず，紙本著色，108×93.3 cm，縦横ともに4等分に折り畳まれており，折れ跡の破れはかつての使用頻度を物語っている．『明恵 故郷で見た夢』(高橋修執筆)においては室町時代作の下絵か写し，とされる．確かに，同じく俯瞰的構図で描かれた1780(安永9)年の「明恵上人五百五十回遠忌開帳絵図」(同寺蔵)と較べると明らかに中世的である．後者には近世に開拓されたであろう水田，あるいは開帳場や芝居小屋などが描かれ，両者は大変異なった雰囲気をもつ．1195(建久6)年明恵上人23歳のとき，修行中の山城高雄における宗論の喧騒を遁れて，郷里の有田に帰って西白上峰に草庵を結び，さらに行場を東白上に移して修行三昧に入った．湯浅景基は寛喜3年，甥にあたる明恵が若年のころ修行した白上峰の麓に一寺を建立して明恵に寄進した．「施無畏寺絵図」には開山明恵上人の修行に関わる下記の箇所が認められ，これに沿って上人にまつわる絵解きが行われたものと推測される．

① 白上峰上の石造卒塔婆．白上峰東西2ヶ所に明恵上人修行の遺跡があるが，本図上部は西の遺跡である．施無畏寺開基2年後に上人は入寂し，1236(嘉貞2)年法弟の喜海が白上峰に木造卒塔婆を建てた．その後腐朽したので，1344(康永3)年勧進比丘の弁迂が勧進によって石造卒塔婆を建立した．

② 左上の春日大明神の前で礼拝しているのは春日明神の託宣により天竺への渡航を思いとどまった明恵上人であろう．「座禅石」では明恵の修行についての絵解きがされたものと思われる．

③ 1198(建久9)年明恵は道忠と喜海を連れて無人の苅藻島へ渡り，洞窟の中に草庵を建て読経念誦の5日間を過ごした．「高山寺明恵上人行状」にはその様子が記されており，「カリモ」ではその様子が絵解きされたのであろう．

また，「白上磯」では『万葉集』巻九に載る701(大宝元)年持統・文武天皇の紀伊国行幸の際の歌に関する絵解きがなされたと推測される．本堂・開山上人堂・塔堂(多宝塔)・長床・釣鐘堂・六坊・大門・弁才天社などの建物名が墨書されている．下部には天正年間(1573～1591年)の兵火以前に存在した明王院上坊・地蔵院峯坊・多聞院向坊・釈迦院中坊・不動院谷坊・観音院大門坊の六坊が描かれており，景観年代は天正以前である．この六坊は近世には明王院と地蔵院のみとなった．

施無畏寺境内絵図は参詣者以外の点に関しては参詣曼荼羅の要件を備えている．

参詣曼荼羅の製作年代

幕藩制確立期以降，参詣曼荼羅はほとんど作られなくなるというのが定説であるが，熊野那智や立山の参詣曼荼羅の多くの製作年代は江戸時代である．参詣曼荼羅現存作例の約半数がこの時代の作といってもよい．とはいえ，参詣曼荼羅には盛時の堂舎や社殿が描かれている．戦国の兵火などによって失われた七堂伽藍を勧進によって復興するための完成予想図とも考えられる．幕藩制確立期以降，幕府は朱印地・黒印地の増加を認めず，寺社への寄付金品を制限する宗教政策の引き締めを行う半面，勧進や開帳などの募金事業認可の助成を行った．勧進は統制下に置かれ，自由に勧進を行ってきた遊行僧は取締りの対象となっていった．勧進聖は寺社の支配層(学侶など)や幕府・藩権力から次第に圧迫され減少していった．ところが勧進聖が減少すると，寺社の経済運営は困難になってゆく．元禄期になると交通施設も整備され，特に西国三十三所巡礼や伊勢などには物見遊山・行楽的な近世の参詣旅行が成立したと考えられる．近世には出版文化興隆の中でさまざまな旅の案内書が刊行されたが，同時に参詣客や信者を目当てに観光案内の絵解きをするために，「前代の(ノスタルジックな)」参詣曼荼羅も依然として作られ続けたのであろう．

〔福原敏男〕

図 2 那智参詣曼荼羅図（正覚寺蔵，熊野川町教育委員会・和歌山県立博物館）

文 献

難波田徹（1972）：古絵図，至文堂．
大阪市立博物館（1987）：社寺参詣曼荼羅，平凡社．
下坂 守（1993）：参詣曼荼羅，至文堂．
和歌山県立博物館（1996）：明恵 故郷でみた夢．
和歌山市立博物館（2002）：参詣曼荼羅と寺社縁起．

14．寺内町絵図の世界

　寺内町は，中世末から近世初頭にかけて浄土真宗の寺院を中核として計画的に建設された宗教都市である．仏教他宗派や，封建勢力からの攻撃に対抗するため，多くは町全体の周囲を土塁や濠で取り囲み，あるいは地形条件を活用して防御する囲郭都市としての性質も有していた．その分布地域も限定され，浄土真宗の布教地域，とりわけ第8代宗主蓮如による布教地域を中心とした近畿・北陸地方に多く分布している．代表的なものとしては吉崎(福井県)，城端・井波・古国府(富山県)，山科(京都府)，大坂石山・摂津富田・枚方・招提・出口・富田林・久宝寺・貝塚(大阪府)，今井(奈良県)，御坊(和歌山県)などがあげられる．

　さらに，寺内町の多くが囲郭都市としての特徴をもつことは，日本の都市史においては，中国やヨーロッパ世界とは異なり例外的である．こうした観点からも寺内町は，自治都市としての堺や，豊臣秀吉による御土居を有する聚楽第城下町，あるいは環濠集落などと並び，日本の都市形成史を考える上でも重要な存在であるといえる．

　さて，この寺内町の形成を考える上で重要なのが，蓮如上人の存在と，ここで紹介する吉崎である．浄土真宗第8代宗主蓮如（1415〜1499年）は，比叡山により京都・大谷本願寺を破却された後，近江国などで転々と拠点を移す中で北陸に下向し，越前・加賀国境にあたる越前国河口荘細呂宜郷吉崎（現在の福井県金津町）において1471（文明3）年最初の寺内町を建設した．この吉崎選定の理由としては，当地が興福寺大乗院領であり，蓮如と大乗院門跡の経覚との血縁関係の存在などが指摘されている．

　図1の吉崎御坊の絵図は，吉崎の景観を描いた絵図を江戸初期に模写したものと伝えられている．図は西を上に描かれ，北潟湖に三方を囲まれた御坊山（標高約32 m）を中心とし，東山麓に町が形成されていることが読み取れる．山頂部分は削平され，中央には御坊の建物，その前には蓮如上人と考えられる人物が描写されている．また西側の斜面に降りていく箇所には門があり，そこから御坊山東麓に向かって参道「馬場大道」が延びている．注目したいのは，その両側に越前の有力な真宗寺院である和田本覚寺による「本覚房」などの9つの坊舎，いわゆる多屋（他屋）九坊とよばれる参詣者のための施設が描かれている点である．さらに麓部分で道はL字型に屈曲し，最下部でさらに門となり，その外部にも萱葺の集落が存在している．こうした参道と町とのあり方は，他の寺内町とも共通する点がある（図2，3）．

　この絵図から吉崎寺内町は，土塁や堀などは見られないものの，潟湖や御坊山という自然地形を活用しながら，外部から防御された立体的な内部構造を有していることが明確に読み取ることができる．また高度差と2つの門によって，麓集落—多屋—御坊という3つの部分から構成されており，階層性の存在も考えられる．こうした複数の防御ラインを有する構造は，後に蓮如が畿内に戻り建設した山科本願寺寺内町にも継承されている点であり，立体的な内部構造からやや平面的な内部構造へと転換していく様子は，城下町プランの変容とも近似していることが指摘できる．

　ここ吉崎を拠点として，蓮如は北陸地方を中心に精力的な教化活動を行うこととなる．多くの民衆がここに参集するとともに，真宗の教えを平易な手紙の形式で表した「御文（西本願寺では御文章）」によって宗義を広く知らしめた．蓮如は約4年間の滞在の後，畿内へと活動の場を戻すことになり，御坊はその後富樫正親を中心とした軍勢に破却された．しかし，こうした御坊山を中核とした吉崎の景観は，参集する人々にとって，まさに目に見える真宗の象徴として映じていたのではないだろうか．

〔天野太郎〕

図 1 吉崎御坊絵図（江戸時代初期，167.0×117.3 cm，滋賀県照西寺蔵）

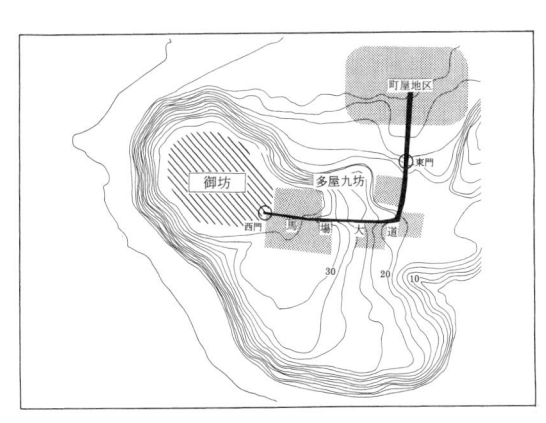

図 2 吉崎寺内町の構成　　　　　　　　　　　図 3 越中古国府寺内町の構成
吉崎寺内町の道と町のあり方（図2）は，後に建設された古国府寺内町
（現在の富山県高岡市伏木，図3）との間に高い類似性が指摘できる．

15. アボリジニの大地
―意味のタペストリー―

　オーストラリアの先住民アボリジニは不思議な絵図を描く人たちである．その背景には，特異な世界観（Dreaming）がある．アボリジニの間では，世界は原初的祖先たち（巨人やトーテム）が地底から目覚めるか，どこからともなくあらわれ，その活動によって形づくられたと理解されている．祖先たちのあらわれた場所，ふたたび地底の精霊の世界に姿を隠した場所，それ以外の訪れた場所に，泉，岩，丘，川などの自然景観が彼らの身体の変換や活動の刻印として残されたのである．

　それらの刻印は自然景観といっても，過去に生じた，干からびたものではない．この世界をつねに流動し活性化する祖先たちの畏力が永遠にこの地上に刻まれた場所である．図像製作を含む聖なる儀礼として祖先たちの創世のドラマを再現することで，その畏力の効果は強められ，図像製作そのものが宗教行為なのである．図像には地勢上の景観的特性や場所間の空間関係が記号化されて描き込まれるが，それらはその地に暮らす人，その地と動植物と人間集団との結びつき，人間集団間の相互関係，あるいはその絵図やデザインを制作する継承権や宗教的権限といった錯綜する社会的要素と一体となって生じたものと想定されている．彼らの氏族は同時に「地族」であり，彼らの存在や世界の成り立ち全体が宗教性をおびている．すなわち，彼らの絵図やそのデザインは作者やその属する集団にとってさまざまな意味の充満する文化景観であり，社会景観なのである．

　今日でこそ原始美術やモダンアートとして流布し，われわれの目にもふれるようになったが，その多くは公衆の面前に晒されるものではなく，伝統的には長期にわたる成人や葬送やその他の儀礼の中で段階的に開示され，諸儀礼のあと秘匿されるか破却されるものであった．上記の世界観は図像に移されると大いに図案化され，個々の要素は複雑な意味と概念の織り込まれた高度でかつ抽象的な記号体系になっている．図像には若年者やときには女性にとって危険な原初的祖先たちのパワーが秘められ，それゆえに，そうした図像の意味内容の開示にはさまざまな深度があり，暗号や婉曲的な表現に秘められた宗教上の知識はしばしば若者たちをコントロールする社会的権威の源泉としても機能したのである．

アーネムランドの絵図

　図 1-1 はオーストラリア北部・東アーネムランドのヨルング（Yolngu）族のバナパナ・メイムル氏による 1972 年の作品である．

　アボリジニ芸術の研究者モーフィに告げられた作者とその父親の説明によると，図 1-1 には 3 とおりの解釈があるという．成人儀礼の初期段階で開示される説明はまさに図柄どおり「夜ごと，さまざまな場所で，グワク（4 トーテムのクエル・カッコウ）がカシューの木（4a）のてっぺんにとまっていた．ポッサムもその木に上り自分の毛で糸を紡いだ．それぞれの長さの糸がその折たたまみその地にとどまっていた氏族に与えられた．また，同行していたエミュ（7）が足で泉をほじくり出した」というものである．

　より深い説明になると，「原初的祖先のグワクがこの地に到着して，カシューの木（4a）に舞い降りた．実をついばんでいる間，ポッサムが糸を紡いだ．グワクはその糸を 2 つの場所（5, 6）の間に引っぱって長さを測り，宗教儀礼において（図像製作者の）氏族と緊密な関係にある諸氏族に糸の切れ端を与えた．それらの糸は別々の氏族と結びつく湖の北側のいく筋かの溝となった．グワクはさらに聖なるカシューの木の所（4a）まで毛糸を測り分け，最長の糸をくわえて別の土地に飛び去ろうとしたが，糸がだんだん重くなり，地上に落とすと，それが湖の西側の石の多い土手になっ

図 1-1 ジャルラクピの景観図（バナパナ・メイムル作，1974年，64×50 cm，H. モーフィ，p.130）

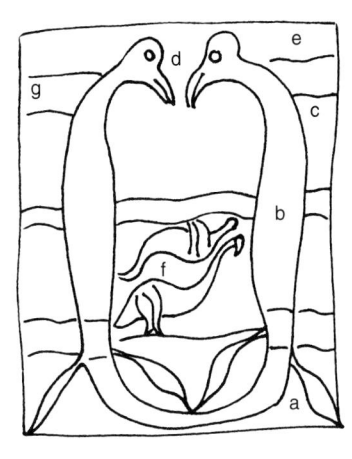

図 1-2 説明図

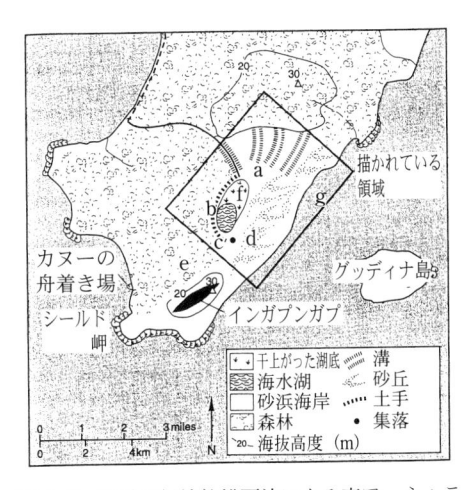

図 1-3 西洋の伝統的描画法による東アーネムランド，シールド岬のジャルラクピの地図

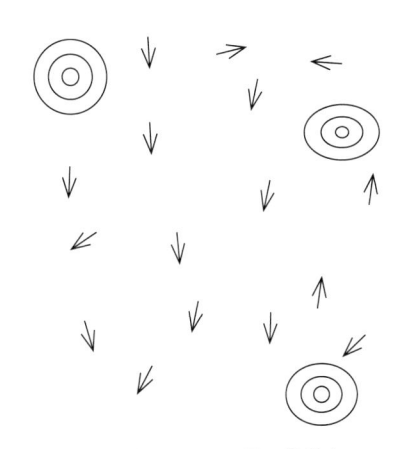

図 2 説明のための仮のデザイン

表 1 通常使用される諸記号とその一般的な意味（砂漠地帯）

記号	意味	意味	意味
◎	キャンプ地・胸・石	水場・洞穴（岩陰）・排泄腔	焚火・穴・実　丘
∪	座っている人物	風除け	
∣	槍・掘り棒	横たわる人物・通路	背骨
～	ヘビ・煙	糸・尻尾	稲妻・河流
∴	雨	アリ	卵
〕〕	肋骨	雲	ブーメラン
∣∣∣	雨		
↓ ⇓ ⊔ ⊔	足跡		

(N. Peterson, p. 46)

15. アボリジニの大地　49

たのである」．そして，この説明には東アーネムランドに特異な2人の女性の物語も含まれる．「トーテムの祖先たちがやってくる以前から，そこには2人の女性がいた．彼女たちは裸体を恥じて隠れていたが，事の次第を一部始終見ていた．彼女たちは毛をどのように糸に紡ぐのかを知り，自分たちの数多の問題を解決できた．ヤムイモや野生プラムを入れる袋を作れるし，槍や槍投げ器を束ねること，それに陰部をおおう前垂れも作ることもできた．彼女たちは嬉々として山のように糸を紡ぎ，それが湖と海岸の間の砂丘になった．一方，エミュは湖底で水をさがしたが，塩味のする水を見つけただけだった．腹を立てて，槍を海岸近くの砂浜のほうに投げると，真水がわき出した」．その図像には，トーテムによる世界創出のありさま，トーテムと人の結びつき，氏族間の関係性や領域の所有権，宗教儀礼の執行権，さらには女性の受胎に関わる各トーテムの生命力がはらまれる場所といったアボリジニ世界の諸原則が描き込まれているのである．

また一方，その図像は祖先たちの神話的な行為による地形への変換を描いているがゆえに彼らの目には絵図でもある．作者の父親はそれを見ながら，現場に同行したモーフィに次のように語るのである（図1-2, 1-3）．「俺たちがランド・ローバーから降り立ったのはここだ（a）．そこから湖の内陸側の石の多い土手沿いに木の茂み（b）まで車でやってきた．俺たちはグワクが休んだカシューの木を過ぎて，ポッサムが実を食べたプラムの木の所（c）でキャンプしたんだ」．彼はその後カシューの木の所（4a）で祈りを捧げ，右手のグワクの頭の右側で，今は飛行場の建設が始まったと説明するのである．

中央砂漠の絵図

アーネムランドの事例はある特定の土地に結びついた象徴的なテーマが描かれるが，もう1つ，砂漠地方のアボリジニ図は原初的祖先たちの活動や旅の道筋を描き，土地（場所）相互の結びつきを示す点に大きな特徴がある．そのデザインは広範な現象がより一層ステレオタイプ化された記号に還元される（図3-1）．すなわち，14ほどの幾何学模様の要素と赤，黄，白，黒の4色から構成されるのである．また，砂漠地方の図柄は主として地勢的な要素と並んで動物の足跡や人間の移動路を上空から見た鳥瞰図にまとめ上げている．

われわれの目に螺旋，同心円，直線，曲線，点といった幾何学模様に見えるものも，アボリジニには景観や祖先たちの行為を表している．表1のように，1つの幾何学模様が語られる神話の内容にしたがってさまざまな意味をもつ可能性があり，また秘密を解き明かす段階に応じて記号の意味内容が変わってくる．たとえば，図2はエミュの足跡を含むので，同心円は少なくとも3とおりの違った意味を含んでいる．第1は鳥の排泄腔であり，3匹のエミュの原初的祖先がいっしょに腰を下ろしていたということになる．第2はエミュの祖先たちがその景観の中を移動したとき，背後に残した水場か岩陰である．最後はエミュが運んでいたか作ろうとした，人やエミュの好物の野生トマトの実である．最後の解釈が幼子たちにキャンプ地で語られるお話であり，第2の解釈が儀礼の中で老人たちから明らかにされる表層の意味であり，第1のものが老人たちのイメージの中にあるもっとも神聖な意味づけなのである．

それゆえ，一見すると，アボリジニの図像ではその象徴的な意味が前面にあらわれ，地図的要素は背後に退いているが，その深部においては，まさにわれわれの地図表現に通じる人間の知的操作（イマジネーション）の工夫が駆使されている．そのことは砂漠地帯の図像の基本的なモチーフの1つである聖地（円）とそれらをつなぐルート（線）の構成にあらわれる．たとえば，図3-1は1970年代に西部砂漠のビッグ・ピーター・チュブルラ氏によって描かれた神話上結びつくひとまとまりの聖地（祖先たちの行為の場所）とそれら場所間の物語の展開する道筋を示している．それを1：250,000の地図に描かれた景観（図3-2）と比較すると，作者が熟知する地勢の特徴はそぎ落とされ，しかもそれぞれの聖地の位置関係も完全に左右対称に修正され，洞穴や崖，水場，川といった自然

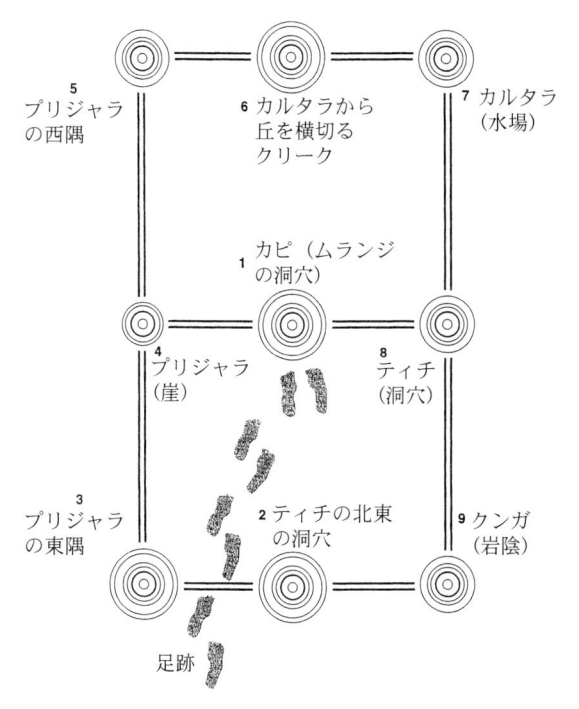

図 3-1 ムランジ洞穴地域の表現図（ビッグ・ピーター・チュブルラ作に基づく，1974 年頃，D. Lewis p. 268）
図中の番号は神話の物語が展開する場所の順序である．

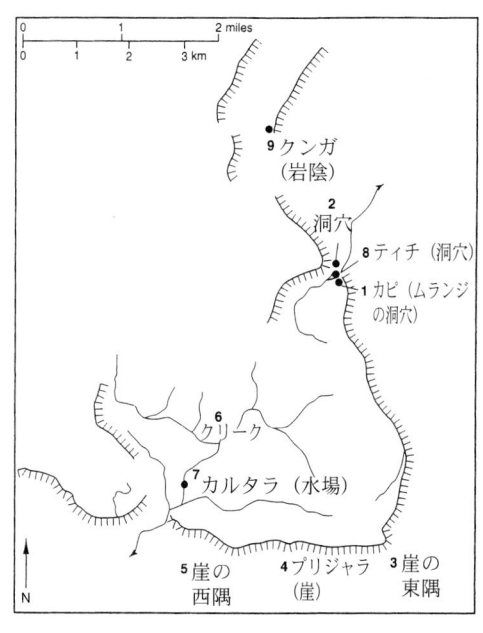

図 3-2 西洋の伝統的表現法による図 3-1 の領域（D. Lewis p. 269）

的特性はいずれも幾何学的な同心円に作り直されている．それらの同心円記号はまさにメタファーであり，語られる神話に応じて意味が与えられる．円と線のモチーフとそれが作り出すグラフのような構図は，現実に存在する空間とそれぞれの場所に結びつく人間集団やそこを管理する権利など，社会的要素の相互関係の中に見られるアボリジニ世界の構造の本質をより概念的に表現したものなのである．

したがって，アボリジニにとって絵図がなぜ重要であるのかはある土地をめぐる意味の多重性にある．絵図を通して，言葉に移せない物事を語れるからである．言葉は線上にしか物事の移り変わりを表すことができない．絵図はアナログ的に広範な意味を同時に表現し，即座に相互の連関をも表せるからである．アボリジニにとって，この連関性が複雑に絡み合い解きほぐせないから，絵図的表現がより一層意味をもつのである．

〔松本博之〕

文　献

H. モーフィ (2003)：アボリジニ美術（*Aboriginal Art*, 1998），岩波書店．

P. Sutton (2001)：Icons of Country：Topographic Representations in Classical Aboriginal Traditions. *Cartography in the Traditional African, American, Arctic, Australian, and Pacific Societies* (edited by D. Woodward & G.M. Lewis), The University of Chicago Press, pp. 353-386.

N. Peterson (1981)：Art of Desert. *Aboriginal Australia* (edited by Australian Gallery Directors Council), pp. 42-50.

D. Lewis (1975/76)：Observations on Route Finding and Spatial Orientation among the Aboriginal Peoples of the Western Desert Region of Central Australia. *Oceania*, Vol. 46, pp. 249-282.

16. 中世イスラーム世界図
―アル・イドリーシー図を中心に―

中世キリスト教圏で描かれた中世世界図(マッパエムンディ)の多くが大地平板の考えによっているのに対して，中世イスラーム圏のそれは大地球体説に基づいている．西暦8世紀頃からギリシアの古典がアラビア語訳されたが，そのなかにプトレマイオスの天文書や地理書もあり，ムスリムの学者達はこれを基礎として新しい地理学を展開していった．彼らの地理学は単に近世ヨーロッパ文化への継承者というだけではなく，それ自体独自の発展の過程を経て，ハスキンズ（Ch. H. Haskins）のいう「12世紀のルネサンス」を通してヨーロッパに大きなインパクトを与えることになる．

新しい世界像

西暦7世紀以降のイスラーム圏の拡大によって新しい地理的知見がもたらされ，プトレマイオスの世界像をそのまま受け入れることはできなくなった．地球の大圏についても，カリフ・アル・マームーンの命によりなされた測量ではかつてない程の正しい値を得ている．したがってプトレマイオスでは東西に著しく長く示されていた地中海は短縮され，また同じく内海とされたインド洋は，環海（大洋）に連続するものとされた．しかし環海の東から西へ大きく湾入するこの海の北岸にアジア，南岸にアフリカの東海岸を描いているのは，アフリカの奥地が東に延びてアジアの南部と繋っているとしたプトレマイオスの影響かと思われる．しかし西暦11世紀頃になるとアフリカを正しく南方へ突出させた世界図も描かれるようになりプトレマイオスの桎梏(しっこく)を逃れた新しい世界像として注目される（たとえばアル・ビールーニー図）．

新しい方位観

マッパエムンディの多くが旧約聖書の世界像により東を上にしているのに対して，中世イスラームの世界図の多くは南を上にしている．その理由については諸説あるが，もっとも有力な考えはイスラーム圏の政治・経済上の中心シリア・イラクから見て宗教上の中心メッカが南方にあたり，メッカの方位を意味するキブラが正面・南という意味をもつことによるとする考えである．南を上にすると北が下となり，北という言葉が左・凶と同源であることから，南を上にすることがムスリムの方位観とうまく合致しているものといえる．

アル・イドリーシー図

中世イスラーム世界図としてもっともよく知られており，また水準の高いものは，アル・イドリーシー図である．アル・イドリーシー（西暦1165年没）は北アフリカのセウタの出身で，西イスラーム圏の中心コルドバで学び，シチリアのノルマン王ルッジェーロ2世に仕え，銀板に示された円形の世界図（亡失）と『諸国踏破を熱望する者の楽しみの書』という詳細な世界地理書を著した．この書には円形の世界図と，世界を南北7つの平行圏と東西10区分した計70の方形の地方図が含まれている（ドイツのミラー（K. Miller）はこの70の地方図を合わせて詳しい世界地図を復元した）．地理書の邦訳はないが，イブン・ハルドゥーン『世界史序説』（森本公誠訳・岩波書店）の冒頭にこの書によった世界地理の概要が記されている．

中世イスラーム世界図の東漸

元史天文志によると，世祖治下(フビライ)1267（至元4）年に札馬剌丁により西域儀象が作成されたがその1つに苦来亦阿児子があった．札馬魯丁はジャマール・ウッディーン，苦来はペルシャ語の球，阿

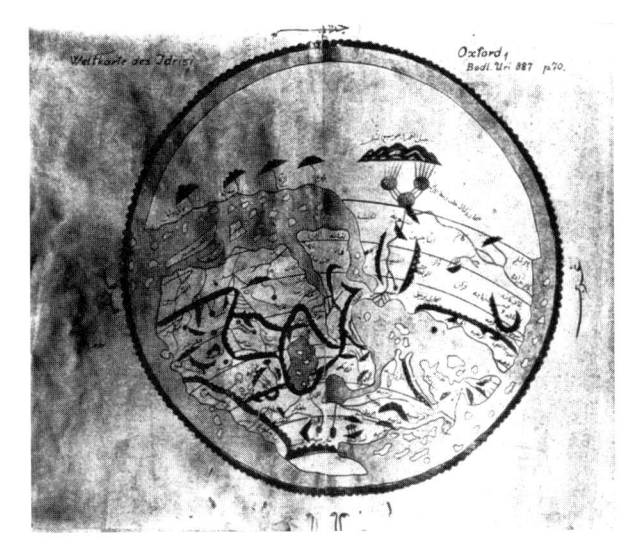

図1 アル・イドリーシーの世界地図（K. Miller）

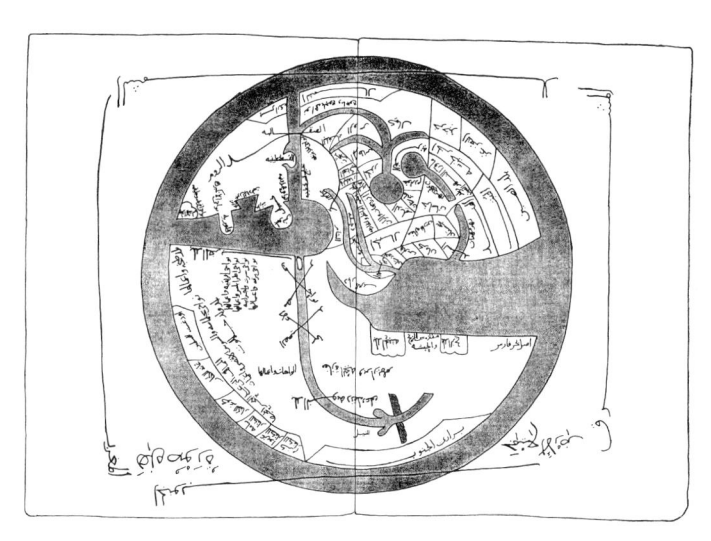

図2 イブン・ハウカルの世界地図

図3 アル・ビールーニーの世界図
右上の突出がアフリカでジェベル・アルカマル（月の山）とある．

児子は同じく土地を意味している．その説明に「漢言地理志也」とあるが，さらに「七分は水でその色は緑，三分は土地でその色は白，江河湖海を画き，その中に脈絡が貫串し小方井を画き，これによって図幅の広がりや道里の遠近を計る」とあり，世界を描いた地球儀であったことが窺える．したがってここに描かれた小方井は伝統的な中国の地図に見られる方格とは異なり，経緯線網であった．

この地球儀は失われたが，これに描かれた世界地図がどのようなものであったかを推測しえる地図として，朝鮮王朝初期（1402年）に原図が描かれた「混一疆理歴代国都之図」(龍谷大学蔵)がある．この地図の淵源がイスラーム地図からさらにはプトレマイオスにまで遡ることを最初に主張したのは小川琢治（京大地理学講座初代教授，湯川秀樹の父）で，海の色が緑でインド半島を描いていないことをその理由とした．この地図は東は日本から西はヨーロッパ・アフリカまで描かれており，図の左（西）半分に多く記された漢字地名のいくつかは，明らかにアラビア語かペルシア語起源のものである．たとえば，カスピ海西岸の「八不魯阿不你」は bāb al-abuāb（アラビア語で諸門の門，デルベント），地中海東端アフリカ側の「密思」はアラビア語でエジプトを意味する misr である．

中世イスラーム世界図の名残

明代の羅洪先による「広輿図」所収の「東南海夷総図」，「西南海夷総図」は「混一疆理歴代国都之図」の下部を簡略に描いた図であるが，特に後者の最西部にアフリカ大陸の南端が再出現しており図中に「這不魯麻」，「桑骨八」，「哈納亦思津（洼）」などと記されている．それぞれ djebel al-qamar（月の山），Zankbar（ザンジバル），khatt al-istiuā（赤道）を意味するアラビア語を語源とし，なかでも月の山はプトレマイオスがナイル川の水源に示した地名と合致する．「広輿図」で2股に描かれた河源はプトレマイオス図，アル・イドリーシー図，混一疆理歴代国都之図の河源の描写を簡略化したものに他ならない．さらに最後者のナイル河源の湖の描写はプトレマイオスよりアル・イドリーシーに近いことは一見して明らかである．月の山は赤道直下でも万年雪を戴く東アフリカの高山を，湖はナイル河源の湖沼群を示すものであるがいずれもナイル川を溯って得たというよりもアフリカ東海岸から奥地に入った人たちによる知識を反映したものと思われる．いずれにしてもこれらの描写は地図の東西交流の事実を物語るものといえよう．

イスラーム地図の諸相

中世イスラーム世界図にはアル・イドリーシー図とは別にさまざまな様式のものがあるが，これともっとも近いものとして，大地の形状については基本的に同一でありながら，海岸線や地方の境界を幾何学的な直線や曲線で示した模式図的な世界図がある．たとえばアル・バルヒー，イスタフリ，イブン・ハウカル系の西暦10世紀の地図がこれである．偶像を描くことを拒んだイスラーム思想の産物と思われる．アル・イドリーシー図がエキュメニカルマップに，バルヒー図などは抽象性はそれほどではないが TO 図にあたるが，いずれもメッカを中心として描いている．これに対しカシュガリー図（西暦11世紀）のように自分の出身地（中央アジア）を中心に描くものも稀にある．

ヨーロッパのクリマータ（気候帯）図にあたるイクリーム図もあり同様に7つのクリマータ（クリマの複数，climate の語源）を示しているのは占星術と関連する．

ほかにメッカ（カアバ）を中心とし周囲に世界各地の地名を示すキブラ図や地方図があり，経緯線網のうちに地名を示す，元史経世大典地里図と同様な地図もある．キブラの重要性が経緯線地図の発達を促したことは否定できない．

〔髙橋　正〕

文献

矢島祐利（1977）：アラビア科学史序説，岩波書店．

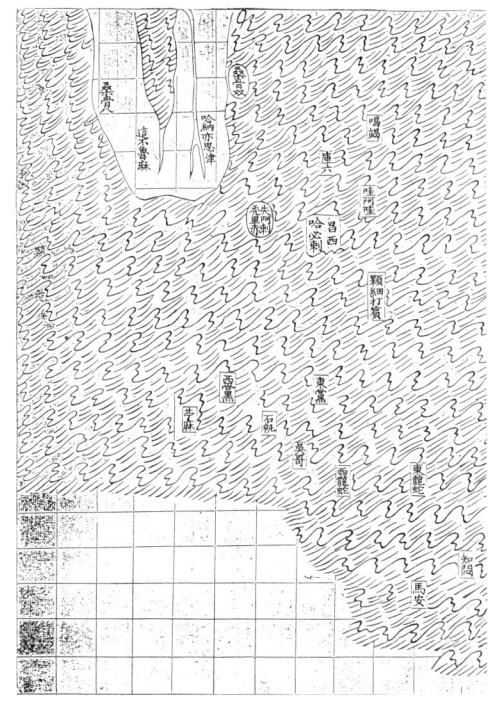

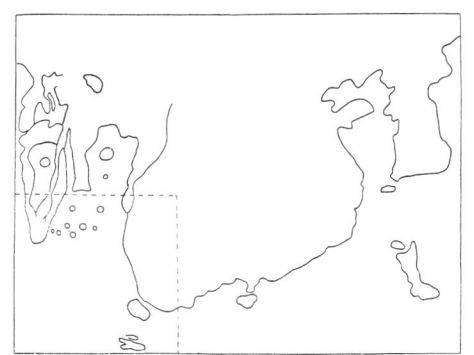

図4 龍谷大学図（全体） 点線内は西南海夷総図に再現

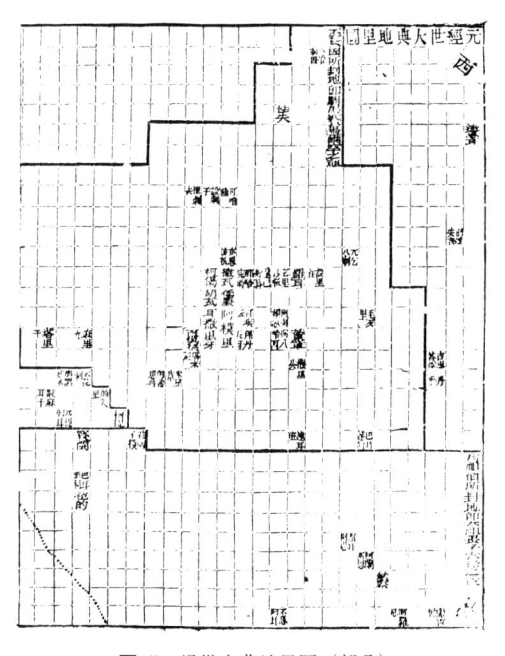

図5 経世大典地里図（部分）

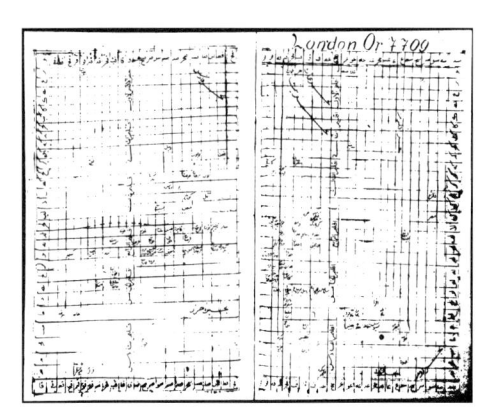

図6 中世イスラームの経緯線地図（K. Miller）

図7 イクリーム図（K. Miller，上が南）

16．中世イスラーム世界図

17. 聖書的世界観の転回

　宗教的世界観を象徴的に表現し，その発想がイスラム圏にまで影響を及ぼしたのが，聖書を基礎とするマッパエムンディ（中世世界図）である．現存の約1,100葉のうち極致とされるのがヘリフォード（Hereford）図（図1）であり，この地図を中心に討議する第2回国際マッパエムンディ学会が1999年6月，イギリスのヘリフォードで開催された．欧米での関心の高さは，その前後に刊行された新たな解釈を含む書物によっても示されている．

ヘリフォード図の新たな解読へ

　ヘリフォード図はマッパエムンディの一般的性格を保持すると同時に，特異な図像表現をも内包している．エルサレムを世界の中心に，エデンの園の位置する東を聖なる方角として上位に，またノアの3人の息子による世界分割により3大陸に，という旧約聖書の世界観に忠実ではある．もっとも図2に示されるエルサレムは，円形の市壁と内向きの塔によって歯車のようなデザインに抽象化され，国際学会での熟覧では中央に穴が確認できた．エルサレムの小さな同心円だけではなく，世界全体の大きな円形を描く際のコンパスの中心と思われる．またエルサレムの周囲には十字架上のキリストや，既表現の都市ベツレヘムが描かれ，聖書的世界を大縮尺で演出している．さらに歯車型のエルサレムは，円形世界全体を回転させる中心軸とも解釈できる．なお，従来このタイプの中世世界図は，水域部分の形状からTOマップと呼ばれていたが，タナイス（ドン）川，ナイル川，地中海によって構成されるTは，原初的な十字架であるタウ（ギリシャ文字のT）クロスを意味するとの説がある．図3のようなまさにT型十字をデザイン化した抽象的なマッパエムンディも見いだされており，ヘリフォード図には多彩な聖書的世界観が重層的に埋め込まれているといえる．

　また円形世界のうち，ヨーロッパは河川，山脈，都市などの現実的図像が卓越するのに対し，アジア，アフリカでは想像上の奇怪な動物や民族がとりわけ世界の縁辺に多数描き込まれている．これらはヨーロッパ中心主義による差別と偏見の所産と解釈されてきたが，こうしたいわゆる東方の驚異は，翻ってみればサラセンやモンゴルの侵略に怯えた中世ヨーロッパの未知への脅威としてアジア・アフリカから逆照射することも可能であろう．また通常は円形のみで表現されるマッパエムンディが，ヘリフォード図では仔牛皮紙全体をデザイン化することで，周囲に豊かな図像を配置している．頂上部にキリストと聖母マリアを中心とする最後の審判，左下部に皇帝アウグストゥスと測量官，右下部に世界を振り返る馬上の貴族と少年従者，猟犬という構図であり，聖俗，公私の2項対立的な世界風景を演出している．なお，左下部には作者名として「ハルディンガム＝ラフォードのリチャード」と明記されている．姓に該当する教区名がリンカーンシャにあり，またリンカーンの町が市壁と塔で丹念に描かれ，逆にヘリフォードの町が後筆らしいことから，作者リチャードは当初リンカーンでこれを描き，それをヘリフォード大聖堂へ持参したと考えられる．

マッパエムンディの多様性

　ヘリフォード図を典型とする三分型世界図がマッパエムンディの典型とはいえ，アンティポード（対蹠地）を付加した四分型や球体説を基礎にした帯圏型も認められ，さらにルネサンス期には遷移型が出現してきた．図4は1450年頃に作成されたカタラン・エステ図であるが，北を上位とし，ポルトラノの成果を吸収して地中海，黒海，大西洋の海岸線が明瞭となっている．それでもアフリカ

56　II．地図と宗教

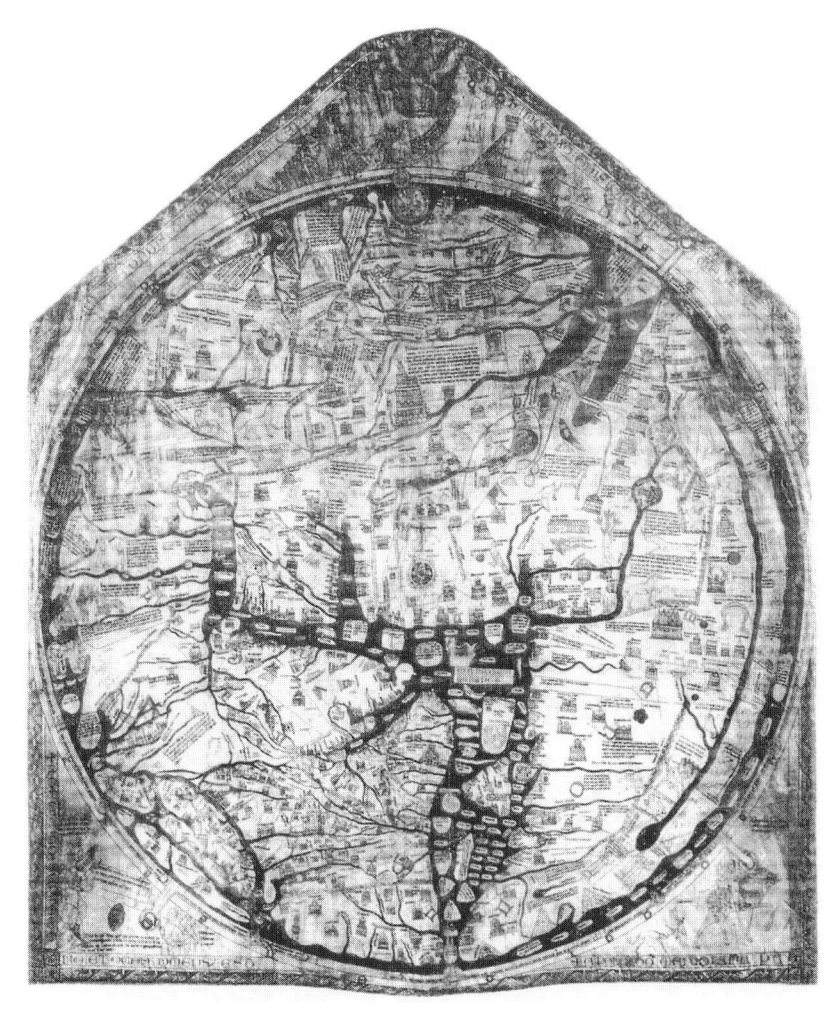

図1 ヘリフォード図 (1290年頃)

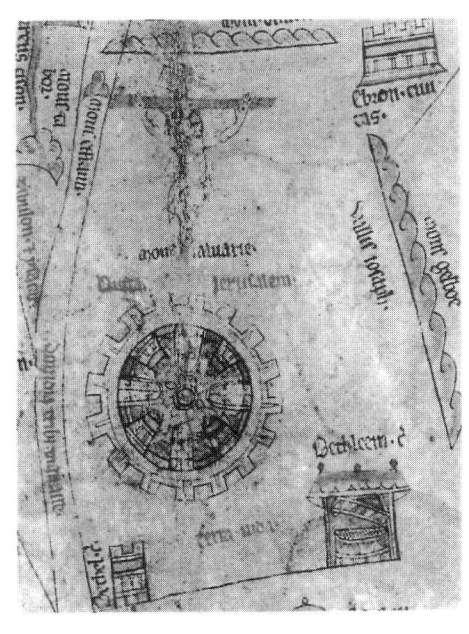

図2 ヘリフォード図のエルサレム周辺

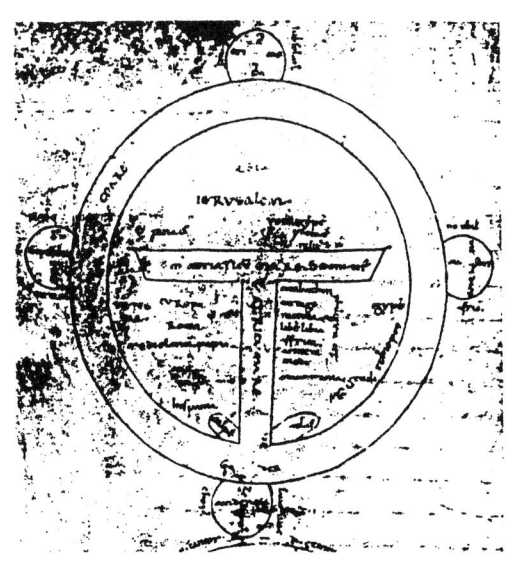

図3 T型十字を表象する三分型図

にはプレスター・ジョンなどの国王，アジアにはマルコ・ポーロ一行などが描かれ，絵画的要素が強く残っているが，聖書的世界観を脱しつつある大航海時代前夜の世界認識を表象している．

また**図5**は1459年頃にフラ（修道士）・マウロがヴェネチアで描いた大型円形世界図であり，南を上位とする方位観はイスラム的発想の導入とされる．左端中央には日本島（Ixola de cimpagu）や大ジャワ，ザイトン（泉州）などマルコ・ポーロの伝えた地名が散りばめられており，中世から近世への過渡的世界観となっている．

〔**長谷川孝治**〕

文　献

P.D.A. Harvey (1996): *Mappa Mundi ; The Hereford World Map*, London.

E. Edson (1997): *Mapping Time and Space ; How Medieval Mapmakers Viewed their World*, London.

J. カウアン，小笠原豊樹訳(1998)：修道士マウロの地図，草思社．

S.D. Westrem (2001): *The Hereford Map*, Turnhout.

B. English (2002): *Ordo Orbis Terrae ; Die Weltsicht in den Mappae Mundi des fruhen und Mittelalters*, Berlin.

図4　カタラン・エステ図

図5　フラ・マウロ図

第Ⅲ部 地図と社会

■いかなる地図も作成された瞬間から社会化される宿命にある．そして作成者と受容者，現実と地図の4者の間に双方向的で円環的なコミュニケーションが構築されていくのである．

■A. オルテリウスの近代最初の地図帳，『世界劇場』(1570年)を熟覧したG. メルカトルは，デュイスブルクから次のような書簡をオルテリウスに書き送っている．「私はあなたの『世界劇場』を閲覧しましたが，あなたが原図作成者の作品を細心さと優雅さをもって装飾されたこと，またそれぞれの作成者の地図を忠実に再現されたことに対し，敬意を表したいと思います．……それ故，各地域の最良の地図を選択した点，少額で買えるよう，また小さなスペースに収納でき，望む所へ持って行けるように一冊の便覧にまとめた点で，あなたは大いなる称賛を受けるのが当然です．私はあなたが最新の地図のいくつか，……を追加されるよう望みます」．このように正当な評価とともに，批判も忘れていないが，自らの『アトラス』刊行への意識も読み込める内容である．

■第Ⅲ章は，日本作成図の10章と外国作成図の5章からなるが，荘園図，都市図，名所図というローカル図から，伊能図のようなナショナルなレベル，さらにプトレマイオス図や坤輿万国全図のような世界表象が含まれている．しかしたとえ当初の動機が政治的あるいは宗教的であったとしても，いずれの地図も強弱の差こそあれ，社会的に意味づけられ，また近世以降は，出版の形で広く社会的に流布していった点では共通している．

■上に掲げた「大日本国地震之図」(江戸時代初期)もこうした社会化された地図の典型であり，東を上位にした行基型日本図を龍(あるいは蛇)が囲んでいる．金沢文庫蔵日本図(14世紀初期)と同一のデザインではあるが，龍が日本を守護すると同時に震源でもあることを庶民に訴えている．周辺の異域には「らせつこく」，「かりのみち」などの中世以来のイメージ地名が残存しているものの，国内では諸国の国名以外に「ゑと」や「ひやうご」，「むろ」などの地名が付加され，近世的な情報化が推進されている．

〔長谷川孝治〕

18. 古代荘園図にみる景観と開発

古代荘園図

　荘園図とは，「ある荘園に生起した政治的・経済的事象に対応して作成された，当該荘園とそれを取り巻く自然環境などの景観を絵画・絵地図あるいは方格線図で表現した基図のうえに，当該荘園の政治的・経済的事象を文字・記号で表記した地図」（石上，1993年）で，古代荘園図は初期荘園の成立と経営の実態を物語る重要な資料である．一般的に8世紀後半に作成された東大寺領荘園の田図群と，756（天平勝宝8）年に東大寺の寺域確定のために作成された「東大寺山堺四至図」，および京北班田図・葛野郡班田図を含め，現存するものは35点を数える．うち約8割が，749（天平勝宝元）年の東大寺への墾田勅施入より後に作成された東大寺領荘園の田図であり，これらを東大寺開田図と総称している．東大寺開田図は絵画的表現に多寡の差はあるものの，すべてに方格線が入った，いわゆる「方格線図」である．また，「東大寺山堺四至図」は，伽藍を中心に周囲の山・原など絵画的表現が卓越するが，平城京外京の東辺と東西大路の延長線に基づく方格線（南北方向は平城京条坊の1町（450尺）であるが，東西方向は斉一ではない）が描かれており，やはり方格線図に含めてよい（吉川，1996年）．「東大寺山堺四至図」以外の方格線は，条里地割との関連が考えられる．

越前国足羽郡道守村開田地図（図1）

　ここでは，東大寺開田図のなかでももっとも代表的な「越前国足羽郡道守村開田地図」を例に古代荘園図をみることにする．本図の作成は766（天平神護2年）年10月21日付で，「越前国司解」や「越前国足羽郡糞置村開田地図」，「越前国坂井郡高串村東大寺大修多羅供分田地図」など，同じ日付で作成された関連史料に恵まれ，多くの研究がなされている．これらの史料などの分析により，本図は道鏡政権の寺院優遇政策下で行われた，大規模な東大寺寺田の再編に関連したものであると考えられている．このとき，東大寺は太政官に対し，以前の図券で誤って百姓に班給した土地があれば寺家に返還し，図籍を改訂することや損害を受けた溝・堰の修復を求めた．また，図籍の改訂にあたっては改正や買得・相替，寄進によって荘園内部の他者の田地を排除し，一円化を進めた．本図は，このような東大寺の寺領再編の手段と結果を証明する公文書の性格も付加されていた．

　本図は麻布に描かれ，法量は 144.1×197.8 cm で，東大寺開田図中最大である．その作成手順は次のように考えられている．まず，作図範囲と布の大きさから3寸2町（約1:2,400）という縮尺を決め，麻布に約4.5 cm間隔の方格線を引き，ついで山などを絵画的に描写し，その後に文字情報を記入する．各方格（坪）内の坪番号のうち，各里の東北隅にあたる六ノ坪の「六」が他と比べやや左に寄る．これは，その右に接して記された里名に重ならないようにしたものである．このことから，文字の記入順序は，先に里名が，次いで坪番号がおそらく一括して記入され，その後坪内に，坪番号，小字地名的名称，地目，田積，田品，墾田・口分田の別，所有者や編成手段，野地面積などの必要な情報を記したのであろう．また，狭い方格内に多くの文字情報を記入するために，たとえば西北二条九里三坪に「田邊來女墾」とあるが他の坪では「同來墾」とするなど，ところどころ略記している．なお，開田図正文には一般に国印が捺される．本図はこれを欠くが，正文と考えられている．

現地比定と条里地割

　本図の故地は現在の福井市南西部にある（図

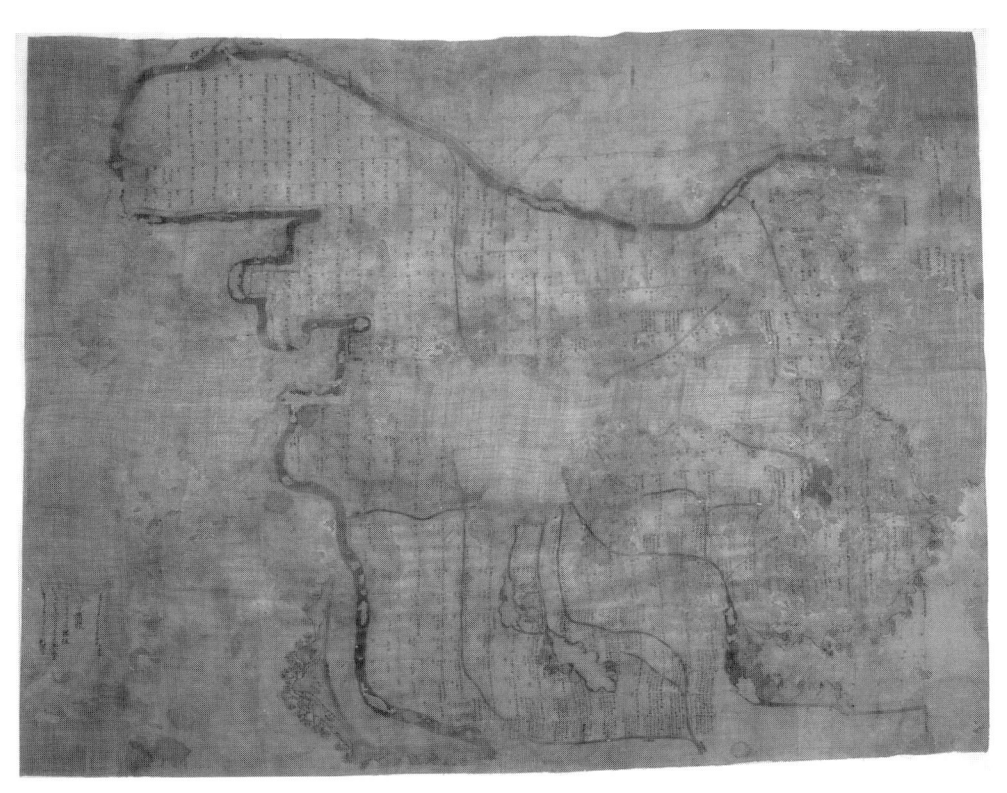

図 1　越前国足羽郡道守村開田地図（正倉院宝物）

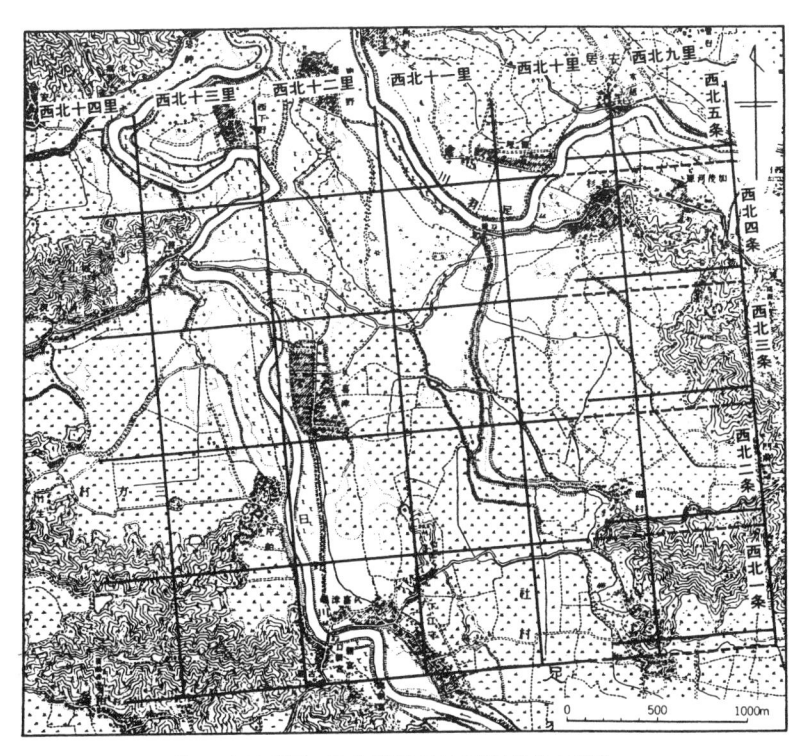

図 2　明治 42 年地形図と道守村開田地図現地比定の説明
　　　（金田章裕『古代日本の景観』（吉川弘文館，1993 年），p. 155）

2).しかし,条里地割が残っていないこともあり,道守村開田地図の条里プランが,足羽郡の条里基準線より約5°西偏し,条・里の番号も異なるため,図に記載された山地,川,田や野などの土地利用状況や区画を,細部にわたり整合するように比定することは難しい.また,従来の比定案では,西北二条九里の南辺などで,開田地図の田や野が現地では山地になってしまう.これに対して,金田章裕は,開田地図は条里プランによる土地表示と絵図的表現の2つの独立したコンセプトで描かれたとし,現実の地形との矛盾がより少ない前者をもとに,西北二条九里を部分的に北に1坪分ずらして比定を行った(金田,1991年.図2).また,金坂清則は『福井県史 資料編16下 条里復原図』の条里プランを南へ3町,東へ0.5町ずらすと,図中の溝や道が,発掘調査で検出された畦畔や8世紀代の溝の位置に重なることを指摘した(金坂,1996年).しかし,いずれも,開田図の記載内容と現地の状況が,必ずしもすべてが整合するわけではない点に,現地比定の難しさがあらわれている.

上記のように方格内に条里呼称が記されていることから,一般的に方格線は実際に施工された条里の地割線を示すと考えられていた.しかし,岸俊男は当時の東大寺領荘園の地はほとんど未開地であったことから,絵図や文書の記載と現地の状況は区別すべきだとして,開田地図作成時点で地割はなかったとした(岸,1985年).だが,この見解は必ずしも開田図に即して詳細に検討されたものではない.それぞれの坪に記載された田地・野地の面積や墾田と口分田の種別,土地所有状況などが山地や微地形条件などと比較的整合し,さらに溝の多くが田地の多い地域に描かれていることから,開田図は少なくとも既開発耕地には条里地割が施工されていたことを示唆するが,岸の見解はこれと矛盾することになる.

ところで本図は,古代における沖積平野の土地利用を示す典型的な事例である.たとえば,「生江川」の左岸や「味間川」右岸に沿う「百姓家」や畠は自然堤防の拡がりを表し,道もこの高まりを活かしている.また,これらの外周に描かれた田は,後背湿地であったと考えられる.つまり,微地形に規制されて,あるいは微地形をうまく利用した土地利用が行われていたことが理解できよう.

摂津職嶋上郡水無瀬荘図(図3)

つぎに「摂津職嶋上郡水無瀬荘図」について見ておこう.本図は,楮紙に描かれ,法量が28.6×69.0 cm(ただし,方格線部分は28.6×46.1 cm)で,東大寺開田図ではもっとも小さい部類に属する.図中の文字記載部分に摂津国印が12顆捺され,正文と考えられる.1029(長元2)年の「東大寺牒案」(東大寺文書四ノ三十七,『平安遺文』515号)に水無瀬荘の四至として,「東限水无河 南限公田并山□□□限北水无河上山」とあり,現在の大阪府三島郡島本町の大字広瀬付近から西側の水無瀬川右岸であることがわかる.さらに,旧地形をみると本図に描かれた景観とよく一致していることがわかる(図4).本図もまた方格線図であり,平均して4.7 cmの間隔で方格線が引かれているが,条里呼称の記載は見られないことや,田と畠の地類界が緩やかな曲線で描かれていることから,まだ条里地割区画が施工されていなかったと考えられる.とすれば,この方格線は何を示しているのかが問題となる.縮尺が記載されていないが,他の多くの東大寺開田図類と同じく約1:2,400であるとすれば,方格線の間隔は約112.8 mとなり,条里地割の計画線を示したものである蓋然性が高いといえよう.しかし,一部に見られる1:1,800であるとすれば約84.6 mとなるが,小尺で285尺前後であり,このような計画地割が施工されたとは考え難い.また,方格線の間隔が4.7 cmで,キリのよい寸法とならないので,作図上の方眼とも考え難い.

山や樹木が絵画的に描写され,山容は荘園の外側から鳥瞰したように,図の内側に向けて描かれ,他の東大寺開田図類と比べて特徴的である.また,川とその名称である「水无川」,矩形内に「倉」と記したものが1ヶ所,「屋」と記したものが4ヶ所見える.このような荘所に関連する建物を示すと思しき記入は,「弘福寺領讃岐国山田郡田図」にも

図3 摂津職嶋上郡水無瀬荘図（正倉院宝物）

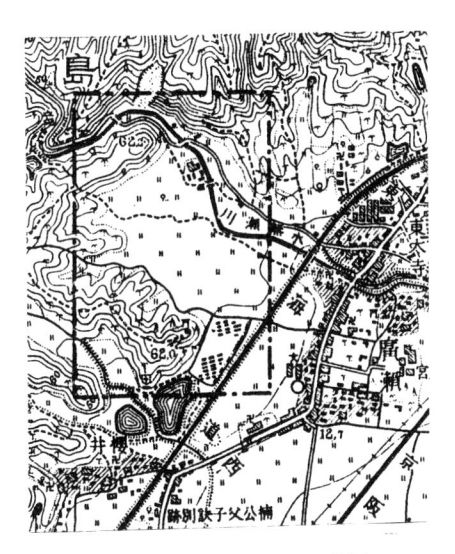

図4 水無瀬荘図に描かれた範囲
（1:25,000,「淀」(1950年)）

見える．また，田は西から南西部の山に沿って描かれ，谷田・桑原田・新治田といった名称および土地区分が面積とともに記されており，多くの東大寺開田図と共通する特色をもっている．

〔出田和久〕

文献
岸 俊男（1985）：条里制研究，1号．
福井県編（1990）：福井県史 資料編16下 条里復原図．

金田章裕（1991）：東大寺領越前国開田地図における絵画的表現と条里プラン―道守村・高串村両図のコンセプトと現地比定を中心に―．福井県史研究，9号．
石上英一（1993）：古代荘園図．新版古代の日本10 古代資料研究の方法，角川書店．
金坂清則（1996）：越前国足羽郡道守村開田地図．日本古代荘園図（金田章裕・石上英一・鎌田元一・栄原永遠男編），東京大学出版会．
出田和久（1996）：摂津職嶋上郡水無瀬荘図．前掲書．
吉川真司（1996）：東大寺山堺四至図．前掲書．

19.「天橋立図」と丹後府中

　荘園絵図・古地図が一定の地理情報を盛り込むのに対し，水墨画・絵画は虚構や理想郷を主題に描いた．たとえば室町期水墨画の傑作，雪舟「天橋立図」（**図1**）は風景を描きつつも，基本的には霊場，理想郷，神話を意識していた．しかし，画の背景には中世都市丹後府中（宮津市）が描かれ，都市俯瞰図としては「洛中洛外図屏風」に先行する存在である．また描写法も多彩で，図上部の府中周辺が俯瞰図であるのに対し，下部の栗田半島（宮津市）は水平という，2元的な描写法である．栗田半島の描写は，橋立からの写生を，裏表ひっくり返した風景である．雪舟は現地にて，情報を盛り込んだことになる．

　最近，「天橋立図」の成立年代は，雪舟82歳説が有力になり，16世紀初頭と考えられる．15世紀末の府中は，西国霊場成相寺門前集落に加えて，守護一色義直による守護所的要素も付加され，もっとも繁栄を遂げていた．本図でも丹後国一宮たる籠神社，五重塔があった国分寺，山岳寺院成相寺，さらに阿蘇海沿岸の溝尻集落に船舶が停泊する様子が見える．本図が中世における都市景観図といわれる所以である．

　ただし，本図は，あくまでも雪舟の主観が反映されている．名称が表記された寺院も禅宗系が強調され，当時存在した法華宗・時宗寺院は省略された．雪舟は，一定の選択をもって描いたことになる．

　そこで本図の考察には現実と虚構の腑分けが必要である．地籍図（法務局蔵，明治期）による復元的考察と「天橋立図」の描写を比較し，当図の都市景観図としての特性を考えてみたい．

　地籍図（**図2**）によれば，府中を東西に横断する街道X～Yの存在が確認できる．このルートは「天橋立図」には見えないが，周囲の地割と違和感がない．14世紀後半～15世紀を盛期とする中野遺跡の建物跡と街道が並行すること，さらに府中を描いた「慕帰絵」（14世紀中葉），「成相寺参詣曼荼羅」（16世紀中葉～後期）にも街道描写があることから，少なくとも中世後期にはX～Yは存在した．街道沿いには「元屋敷」，「クゴンドン」，「行者立」，「庵屋敷」，「越前」，「鬼屋敷」，「陣屋」などの字名と，それに伴うブロック状地割が看取できる．守護所時代の武家屋敷地が想定できる．

　次に描写法に着目すると，籠神社の正面を水平とし，奥行は順勝手（右上から左下へ引く斜線）に描く．雲かかりのような省略手法がないため，斜め奥へ拡がる本図の構図は無理をきたす．正面から描く寺社単体は点的描写に留まり，街区などの面的な構成は意識されていない．注目すべきは籠神社裏から左手へ築地が段々に並行して描写された点である．並行する街区とは考えられないため，東西に続く道路の存在が推定できる．すなわち，各建物を順勝手で描く歪みが，奥行をもって築地を書くことにつながった．そして，段々に連続して描く築地塀こそ，X～Yに接していたと推定できる．

　16世紀中・後期の「洛中洛外図屏風」は縦横の通りを記入し，都市空間を把握して建物情報を図示した．これに対して，本図の描写は，あくまでも点的配置である．また，一般の水墨画と同じく，通・河川・道路などの都市図の基軸となる構成要素は希薄である．宅地の描写も雑多に描いている印象が拭えない．本図にとっての「都市」描写は，寺社単体の集合体に留まり，都市の「かたち」に対する認識は相対的に低かった．　〔福島克彦〕

文　献

伊藤　太（2004）：一色氏と雪舟の描いたまち．守護所シンポジウム＠岐阜－守護所・戦国城下町を考える．

小川　信（2001）：中世都市「府中」の展開，思文閣出版．

図 1 天橋立図（雪舟筆，京都国立博物館蔵）

図 2 丹後府中地籍図（明治期）

島尾　新編 (2001)：朝日百科日本の国宝別冊　国宝と歴史の旅 11，朝日新聞社．

中嶋利雄 (2002)：中嶋利雄著作集　天橋立篇，中嶋利雄著作集刊行会．

宮津市史編纂委員会編 (2002)：宮津市史，本文編 1．

山本英男 (2003)：雪舟筆天橋立図の作期について．学叢，25号．

20. 描かれた中世都市
―都市の記憶―

　日本中世には荘園絵図をはじめ多くの手書きの絵図が作成された．その中には，中世の都市景観の描写を含む絵図も数点ある．しかしそれらは，都市そのものを描くことを主眼とした都市図ではなく，都市景観の一部がたまたま描かれたもので，描写範囲も限られる．その中で広範囲にわたる都市域を描写する絵図が2点存在する．1つは，15世紀末から16世紀初期の丹後府中の景観を描く「天橋立図」（第19章参照）であり，もう1つが，14世紀半ばの長門国府を描く「忌宮神社境内絵図」である．本章では後者を取り上げて，その構図の特徴とそこに見られる空間認識を解説しよう．

忌宮神社境内絵図

　長門国府は，現在の山口県下関市長府にあたる．本図は中世長門国府においてもっとも有力な在地勢力であった忌宮神社（二宮）が，1334（建武元）年に作成した地図で，現在も長府の忌宮神社に伝存する．本図は南北朝期長門国府のほぼ全域を描いている．

　本図を見てまず気づくのは，画面の東と南を瀬戸内海（関門海峡）で，北と西を山で囲んだ方形の構図をとっていることである．ほとんどの建造物や街路，樹木は，この方形の内側に集中して配置されている．さらに，この方形の真中には，拝殿を中心とし堅固な石垣と廻廊で囲まれた忌宮神社の境内が，ひときわ大きく描かれている．方形の四隅に結界を張るかのようにおかれた朱塗りの施設（厳島神社・四王寺・惣社・串崎港の杭）は，いずれも忌宮神社に関連が深い施設である．このようなことから，本図は忌宮神社を都市・長門国府の主人公として強く意識していることがわかる．強調して描かれているのは，忌宮神社だけではない．南西の山の手には，「守護館」として2棟続きの建物が見える．北東には「守護代所」の建物が大きく描かれている．忌宮神社境内の周辺にも，「二宮領」（忌宮神社領）とならんで，あちこちに「守護領」が見える．当時，忌宮神社は建武新政権下の新守護から所領安堵を獲得するのに躍起になっており，そもそも本図はそれを目的に守護に提出された図である可能性が高い．その点を考えると，守護に関連する施設・所領がことさらに強調されていることもうなずける．本図は，当時の忌宮神社をめぐる政治的・経済的コンテクストを背景として描かれたものなのである．そして，本図において中世都市・長門国府は，忌宮神社を中心とした方形の求心的で統一的な構図として表現されているといえよう．

　さて，ここに描かれた方形の求心的・統一的な空間構造は，現実にも存在したのであろうか．実際の長門国府は平地ながら起伏に富んだ地形をしており，本図に描かれている地物も地形に規制されて分散して立地していた．本図は正方位の方向性を強調するが，実際には地形に沿った北東の方向性が卓越していた．本図に描かれる地物の位置や範囲は，現実とは大きく異なり，周辺部に行くほど歪みが甚だしい．

　このようなことから，本図は忌宮神社の都市空間認識を表現した地図であると理解できる．在地領主である忌宮神社は，現実の空間構造とは大きく異なる統一的で求心的な都市認識をもっていたと考えられるのである（山村，2000年）．

近世に描かれた中世都市図

　先に述べたように，同時代に描かれた中世の都市図はきわめて稀である．しかし，中世の都市を描く地図は，その都市が命脈を失った後の近世や近代に非常に多く作成されるようになる．これらの地図は，近世・近代の人々による過去の都市への認識を表現する，一種の推定・考証図と考える

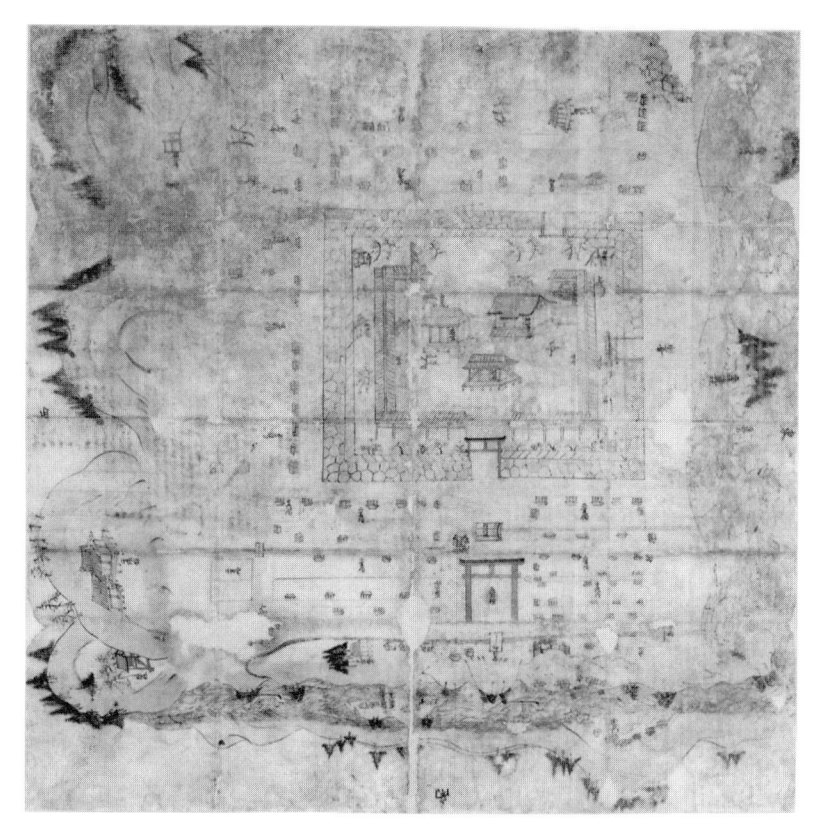

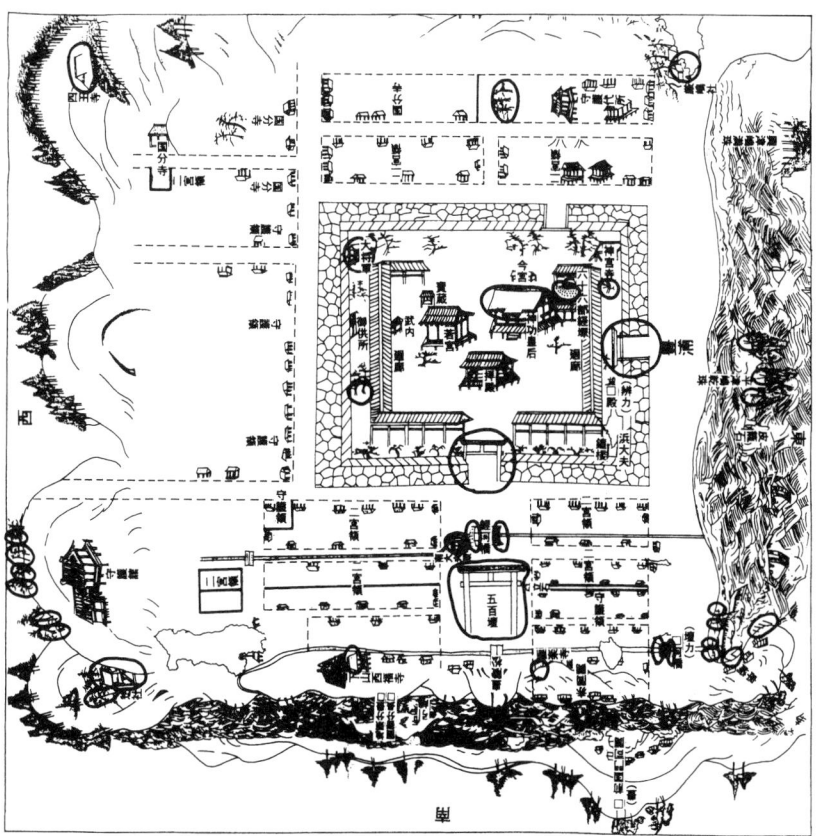

図 1 「忌宮神社境内絵図」（忌宮神社蔵）写真・トレース図

ことができよう．このような後世に描かれた中世都市図は，しばしば「古図」と称され，中世段階の都市機能・施設を作成者が復原・推定した成果が記載される．その代表的なものに，山口古図，平泉古図，府内古図，博多古図，多気古図，甲府古図などがある．ここでは，「山口古図」と「多気古図」を取り上げたい．

山口は，室町期から戦国期にかけて西国屈指の大名であった大内氏の本拠地である．「山口古図」は，原図の作成時期は不明であるが，近世的な地名や表現が各所に見られることから，近世に描かれたものであることは間違いないだろう．中央北よりに大きな区画として描かれているのは，「大殿御殿」と「大内御殿」である．これは，大内氏館跡とその別宅であるとされる築山殿を指す．その周辺には，「一門家屋敷」や「家中」といった一族の武家屋敷地，「陶氏」といった重臣屋敷が描かれる．また，「一番丁」，「三番丁」といった近世的な武家屋敷地の表現も見える．近年の発掘調査によると，大内氏館跡の西方では武家屋敷と考えられる区画も検出されており，部分的には「山口古図」の描く武家屋敷の位置と一致するようである．「大殿御殿」から目を下に移すと，多くの街路が走り，それらに立小路町，銭湯小路，中市町といった町地名や小路名が付されている．これらの多くは現在の地名として残っている．また，黄色や緑色の付箋には，寺院名が多く書かれている．さて，「山口古図」を現在の地図と比較すると，描かれている川の流路や街路のパターン，地名，多くの寺院の位置はほぼ正しいことがわかる．つまり，ベースマップは作成当時の現実の山口の町であり，その上に中世の武家屋敷や古い寺院，小路名を復原的に記入していったのであろう．街路名や寺院名には，ところどころ由来や近世における変化が付されており，地誌的な情報が記載されている．このように「山口古図」には，かつて西国屈指の都市として繁栄した山口の都市景観を，近世において復原・考証した軌跡があらわれている．

伊勢国司・北畠氏の城下として栄えた多気を描く「多気古図」は，多くの写図が伝存していることで知られる．この古図の主である北畠氏の館と霧山城が，図の中央に近世城郭的な天守と石垣をまとって壮大に表現されることから，この図も近世に作成されたことは疑う余地がないだろう．多気城下は実際には複雑な形状の谷に展開しているが，図は館・城周辺の谷部を広く描き，周辺の山並みを連続させ，完結した城下構造を強調している．その一方で，記載される家臣名の多くは実存しており，寺院名の多くも地元に伝承される名称と一致するなど，記載内容を荒唐無稽なものと言い切ることもできない．むしろ，「多気古図」は近世における中世多気に関する考証・知識の集大成として評価できる．

それでは，なぜこのような中世都市の復原・考証図が近世に多く作成されるのであろうか．奥州平泉の都市景観を描く平泉古図は，仙台藩の地誌作成事業や史跡整備事業との関連が指摘されている（菊池，1989年）．豊後大友氏の膝下であった豊後府内を描く府内古図も，近世府内藩の調査をもとに作成されたといわれている（木村，2002年）．このように，今はなき忘れられた過去の都市空間を回顧し，調査する藩や知識層の動きが各地であったことが，中世都市復原・考証図誕生の背景にあろう．加えて，18世紀末から19世紀の幕末にかけては，日本各地で，藩や一部の知識層のみならず，農民や商人に至るまで地域の過去像を希求し創造する「由緒」の時代であった（久留島，1995年）．このような社会的な動向を受けて，これらの地図はさらに広まっていったのであろう．

〔山村亜希〕

文　献

山村亜希（2000）：南北朝期長門国府の構造とその認識．人文地理，52巻3号，pp. 1-21.

菊池章太（1989）：平泉古図覚書．日本史学集録，8号，pp. 20-28.

木村幾多郎（2002）：府内古図再考．府内及び大友氏関係遺跡総合調査研究年報IX，pp. 10-49.

久留島浩（1995）：村が「由緒」を語るとき．近世の社会集団（久留島浩・吉田伸之編），山川出版社．

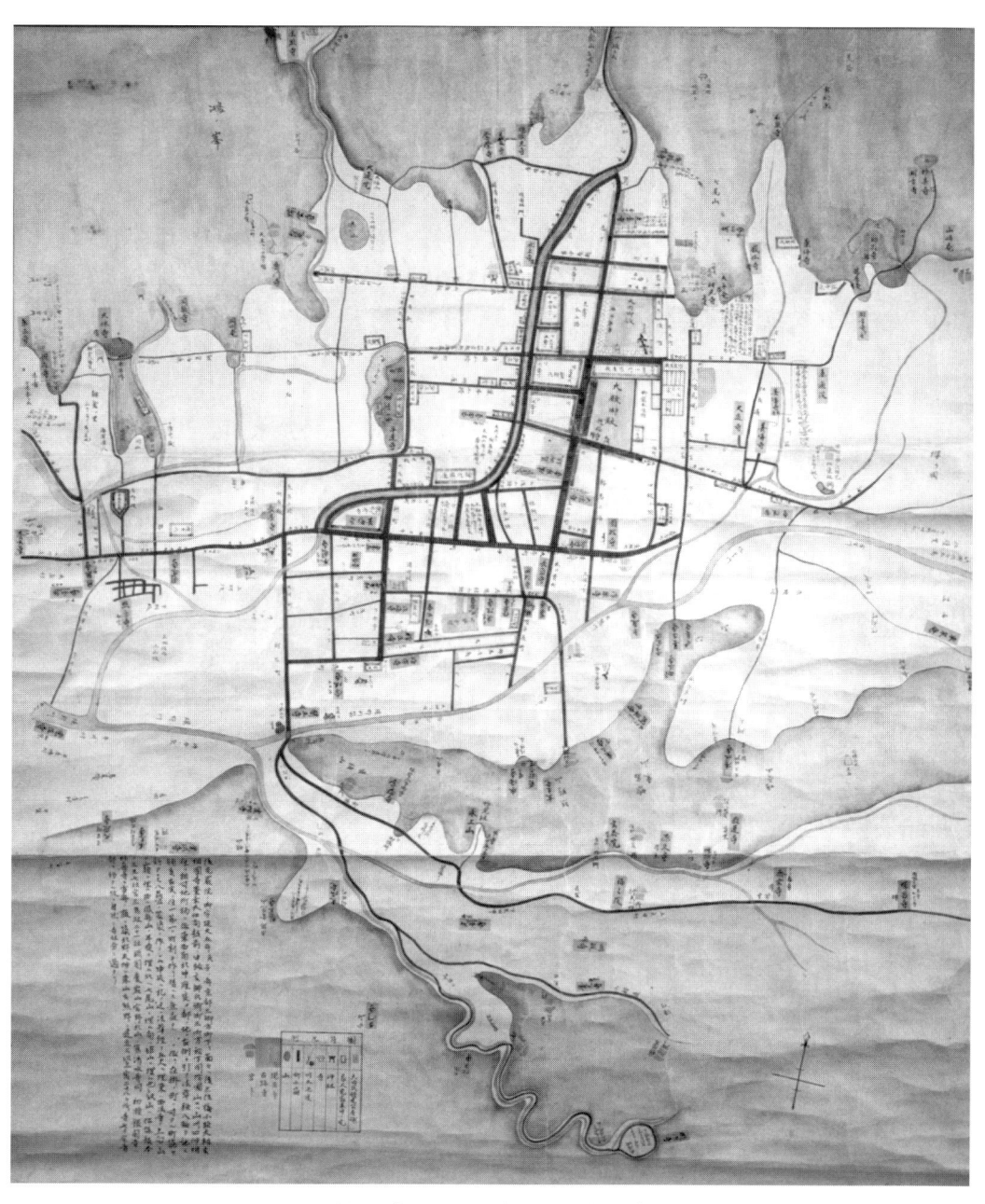

図 2 「山口古図」（山口県文書館蔵）

21. 三都の刊行都市図
―都市の変貌を映す鏡―

近世には印刷技術の発達によって，多くの刊行図が生み出された．量産と多様化の時代の幕開けである．なかでも，江戸・京都・大坂の三都の都市図は，数量と多様さ双方の点で群を抜いている．

都市図の出現とその種類

都市図の出現は，仏教書などを刊行していた当時の出版の最先端地，京都で確認できる．1624～1626（寛永元～3）年頃の刊行とされる「都記（題額）」，通称「寛永平安町古図」とする京都図がそれである．以後幕末まで，京都図は200枚を超える刊行をみた．江戸図は，1632（寛永9）年頃刊行といわれる「武州豊嶋郡江戸庄図」を最初とし，大小さまざまな刊行図が合わせて1,000枚近くにのぼる．大坂図は両図に比べて刊行が遅れ，1657（明暦元）年の「新板摂津大坂東西南北町嶋之図」，1659（明暦3）年の「新板大坂之図」など「明暦大坂図」と称される図が初期の図にあたる．その数量は，「類別すれば17種100舗を越す」（佐古，1978年）とされる．

これに続くのが，「鎖国」下で世界に開かれた窓口の1つ長崎，古都奈良・鎌倉，伏見，堺などである．そして幕末には，列強国との和親条約締結により，開港場とされた箱館・横浜・新潟・神戸の図が鳥瞰図とあわせて刊行された．これら三都と港町を除くと，他には駿府・岡崎・金沢などの城下町の刊行図が確認できるにすぎない．

都市図の役割

これら三都を含めた都市図の特色は，「最も早く起こり，最も発達した」もので，「美術的要素に富み，絵様，彩色が重んぜられたこと，木版地図として最も精巧なこと」（栗田，1952年）である．

前述のように，三都の図が多く刊行されたのは，それだけ需要が多く，商業ベースにのったためと考えられる．ここでは，その背景を探ってみよう．

三都の地は人口が輻輳し，公私の各種施設が置かれた．大坂を例にあげるなら，東西町奉行所や幕府代官所のほか，堂島・中之島を中心とした地域には諸藩の蔵屋敷が林立していた．ここには大坂在住者に限らず，諸国の者も集ったであろう．正確に諸施設を図示する案内図が求められたのは，想像に難くない．

また，現在ほど変貌するスピードは速くはないものの，河川開発や造成などによって，多くの新地や町が生まれ，市中が水平に膨張した．様変わりする都市の様相を，リアルタイムに表現することは都市図のもつ重要な役割であった．1704～1710年（宝永年間）に刊行された「新板摂津大坂東西南北町嶋之図」に刻まれた「川々御普請殊ニ御屋敷方町家等にいたるまで相替所有之によりて悉く吟味し悉く改て令開板」しめたとする刊記は，そのあたりを語ってくれる．

そして，三都の都市図はその内部を図示するにとどまらず，周辺に点在する名所・旧跡をもその範囲に収めている．これは，洛中・洛外において多くの古刹・名所を抱えた京都図に顕著に見られる（図1）．寺社や山川などを絵画風に描き，寺社の縁起，名勝の解説を付し，「懐宝・袖中」などと謳い，携行の便を図ったのは，まさに観光ガイドとしての役割を担っていたからであろう．

このほか，江戸では市街を分割して図示する「切絵図」が編まれた．これは，巨大都市江戸の膨張と携行に対応するためといわれるほか，江戸土産の一つでもあったという．

このように，都市図と一括して総称されるものの，それは決して画一化されたものではない．各書林はアイデアを競って，さまざまな都市図を生み出していたのである．

〔小野田一幸〕

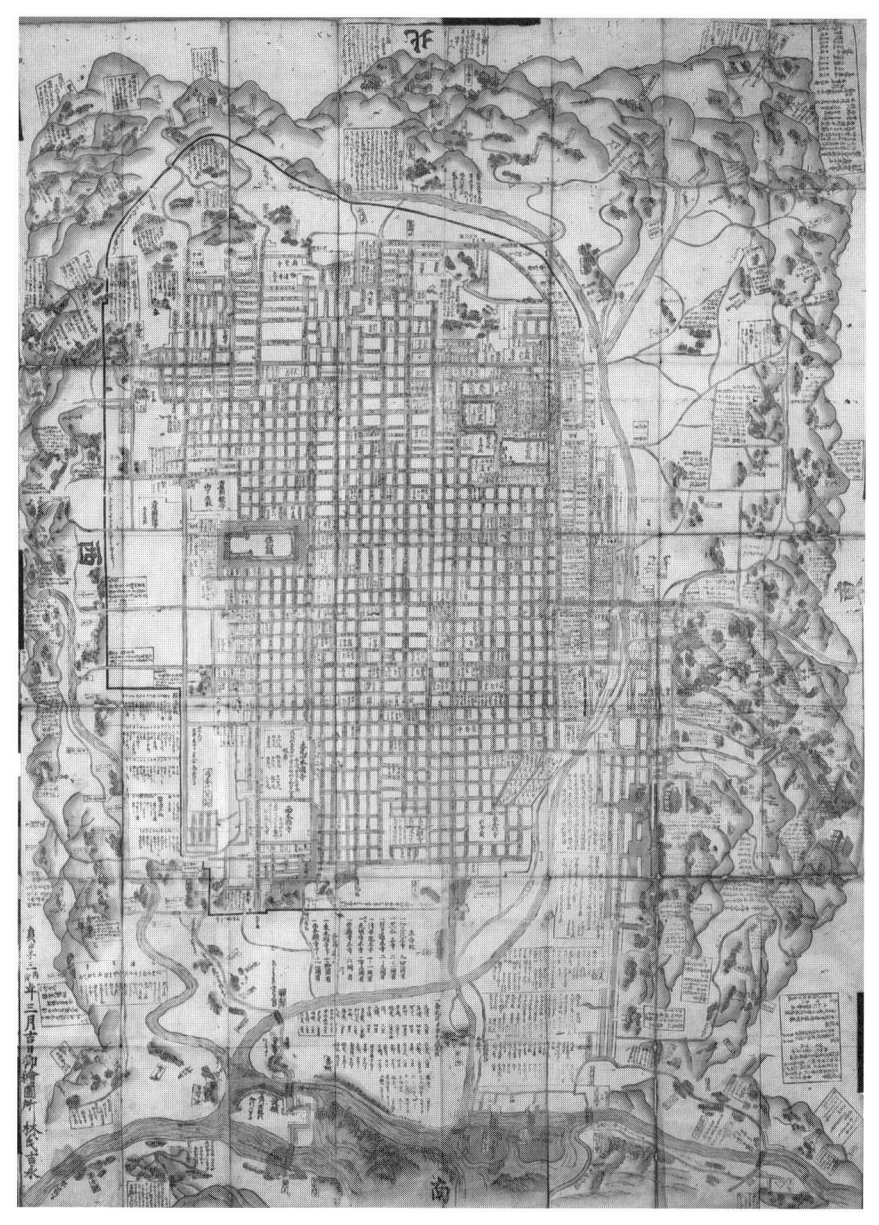

図 1 新撰増補京大絵図（林吉永，1686（貞享 3）年，神戸市立博物館蔵）

文　献

栗田元次(1952)：日本における刊行都市図．名古屋大学文学部研究論集 史学，1巻，pp. 1-13.

矢守一彦（1971）：都市図の歴史 日本編，講談社．

飯田龍一・俵　元昭（1988）：江戸図の歴史，築地書館．

佐古慶三（1978）：大阪 増修改正大阪地図．近畿の市街古図（原田伴彦他編），鹿島出版会，pp. 11-16.

22. 名所図会に描かれた風景

　平安時代以来，わが国では歌に詠まれた名所を描いた名所絵が作成されてきた．これらは個々の場所を観念的に描いたもので，必ずしも実際の風景を反映したものではなかった．近世になると，この伝統的な名所とともに，新たな名所が描かれ，出版という過程を通して世間に普及するようになる．たとえば，名所案内記に見られる挿画はその一例である．

　多種多様な名所案内記の中で，17世紀中期に出版された『京童（きょうわらべ）』などに見られる挿画は，実際の風景を反映しない形式的な描写であることが多かった．しかし，18世紀後期以降に出版された名所図会では，写実的な挿画が掲載されるようになった．そして，これらの図は，広重の風景版画などにも少なからぬ影響を与えたとされている．そこで，近世名所図の代表として，名所図会の挿画を取り上げることにしたい．

名所図会の挿画にみられる俯瞰的構図

　一般に，名所図会の出版は1780（安永9）年の『都名所図会（みやこめいしょずえ）』に始まるとされている．この作品は当時のベストセラーとなったようで，1800年代初頭にかけておこった名所図会の第1次出版ブームの先駆けとなる．この中では，近世京都の寺社が多数取り上げられており，あわせてその挿画も掲載されている．

　図1の清水寺境内を描いた図は，『都名所図会』のみならず，名所図会に掲載される挿画の代表的な図様の1つである．すなわち，この図では，境内全体が，やや上空からの視点で俯瞰的にとらえられ，諸施設の形態や位置関係などが写実的かつ説明的に描写されている．そのため，見るものに，居ながらにして現地を訪れているかのような観を与えてくれる図となっている．なお，凡例に従えば，ところどころに配される人物には，描写される場所の広狭を示すためのスケールの役割を与えられていた．

市井の賑わいを描く挿画

　名所図会出版の第2次ブームは1830年代以降のことであり，その出発点となったのが1834～1836（天保5～7）年刊の『江戸名所図会』である．この作品では，『都名所図会』ではあまり見られなかった，市井の賑わいなどの新たな名所も挿画とともに取り上げられている．三井呉服店を描く図2は，そのようなものの一例である．

　図2では，図1よりも視点が低く設定され，各店の形態や位置関係といった地物のみならず，市井の風俗や賑わいをも詳細に描写しようとしている．むしろ後者をより重視し，それに対応した視点設定になっているともいえよう．また，町並みの描写には遠近法が用いられているが，この点は『都名所図会』には見られなかった点である．

　写実的な挿画をその最大の特徴とする名所図会ではあるが，描く主題に応じて，また，時代とともにいくつかの描写法が用いられたといえよう．

〔山近博義〕

文　献

矢守一彦（1984）：古地図と風景，筑摩書房．
矢守一彦（1992）：古地図への旅，朝日新聞社．
市古夏生・鈴木健一校訂（1996～1997）：新訂 江戸名所図会1～5，筑摩書房．
市古夏生・鈴木健一校訂（1999）：新訂 都名所図会1～5，筑摩書房．
鈴木章生（2001）：江戸の名所と都市文化，吉川弘文館．
千葉正樹（2001）：江戸名所図会の世界，吉川弘文館．

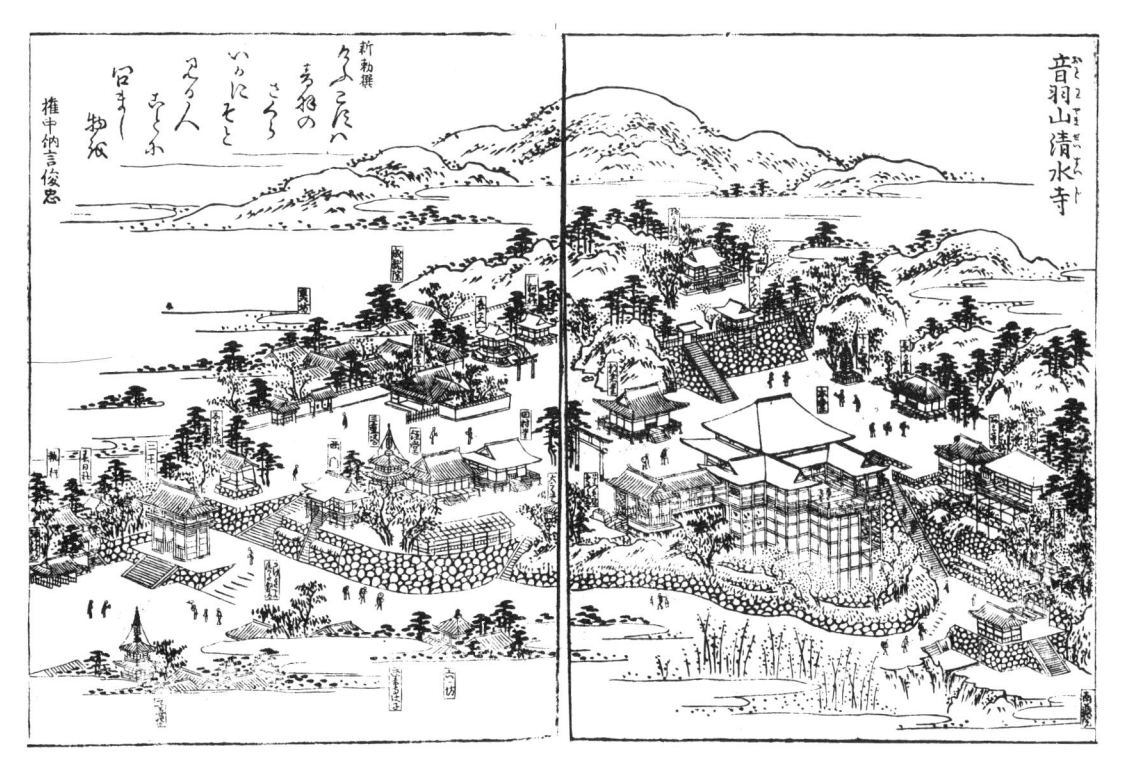

図1 『都名所図会』巻之三　清水寺の図（大阪府立中之島図書館蔵）

図2 『江戸名所図会』巻之一　三井呉服店の図（大阪府立中之島図書館蔵）

22．名所図会に描かれた風景　73

23. 近代日本図の原点
― 伊 能 図 ―

近世には，多種多様な日本図が作成，そして刊行されて巷間にでまわっていた．これらの日本図は，実測によるものではなく編集図である．

一方で，伊能忠敬（1745〜1818年）が作成した伊能図と称される日本図は，この時代唯一の実測図である．その実測の第一歩は，1800（寛政12）年閏4月19日に，江戸から対外関係の面で注視されていた蝦夷地に向けて踏み出された．以降，足かけ17年，3,700日を超える日数を要した測量距離は約40,000 km，おおよそ地球1周にも匹敵する．

この測量成果は，忠敬の死後，「大日本沿海実測図」と各地点の緯度や測量記録を列記した『大日本沿海実測録』(14巻) として結実し，1821（文政4）年7月10日に孫の忠誨と天文方高橋景保によって幕府に上呈された．上呈された日本図は，大図214枚（1：36,000），中図8枚（1：216,000），そして小図3枚（1：432,000）と3種の縮尺から構成される．さらに翌日には，事業を主管していた若年寄堀田摂津守にも中図が提出された．

ところが，上呈後に紅葉山文庫に保管されていた伊能図は，1873（明治6）年の皇居火災によって焼失している．その後，東京帝国大学に提出された伊能家の副本も1923（大正12）年の関東大震災によって焼失したとされる．前人未踏の成果を図示するにも関わらず，伊能図の原本や副本は焼失の憂き目にあい伝世しないのである．

伊能忠敬の目的

忠敬が地図を作成するにあたっての当初の目的は，天文方が携わっていた改暦事業と深く関わっている．各地点の緯度・経度から1°の距離を算出し，暦上の修正を図ることが主眼であった．その意図は，伊能図のなかにも散見できる．なかでも，東日本の測量成果に基づき，1804（文化元）年9月に幕府に上呈された「沿海地図」（図1）の罫紙部分には，天体観測によって得られた各地点の緯度，江戸からの距離を列記するほか，序文や凡例には算出した緯度・経度の1°の里数を記載している．その意味では，ヨーロッパの古代地理学以来培われてきた，数理地理学的な色彩が強いものであったといえるだろう．

この「沿海地図」は，地図としての精度が評価され，以後，忠敬の西国測量は「公儀の御用」として進められる．まさに，「沿海地図」の出来ばえが，忠敬の進路を決めたといってよいであろう．

伊能図の特徴

伊能図は，国土の輪郭としての海岸線と主要街道沿いを実測した成果に依っている．数次にわたり測量がなされた地域は，測線が密で内陸部もカバーしているが，そうでない地域は随所に空隙が生まれている（図2）．これは，古代からの国郡制原理に基づき，幕府が作成した国絵図が全土を覆っていることと比較すると，大きな異なりである．また，忠敬が国郡制の枠組みにとらわれることなく，独自の図幅（図3）を生み出し，日本図を編成したことも大きな特徴であろう．これらは，天文方と勘定所という事業を主管した部署が異なること，地図を作成する目的の差異と考えられる．

実測図をなすために忠敬が採った方法は，道線法と交会法という当時の測量家が用いた一般的な測量技術であった．さらに，正確を期すため忠敬は，天体観測を導入している．地図作成の精度を高めるため，天体観測によって各地点の緯度と経度を知るのが肝要であることは，享保日本図を編成した和算家建部賢弘が『日本絵図仕立候一件』で，すでに説くところでもあった．ただそれを理解し，各地点で天体観測を行い，位置の補正を続けたことが大きな成果をもたらしたのである．

図1 沿海地図（1804（文化元）年，神戸市立博物館蔵）

図3 伊能大図一覧（保柳編（1974年），
　　（付）伊能大図番号一覧図）

・・・・・・・ 寛政12～享和3年（文化元年上呈図）の測線
――― 文化2年以後の測線
　○　 天測地点

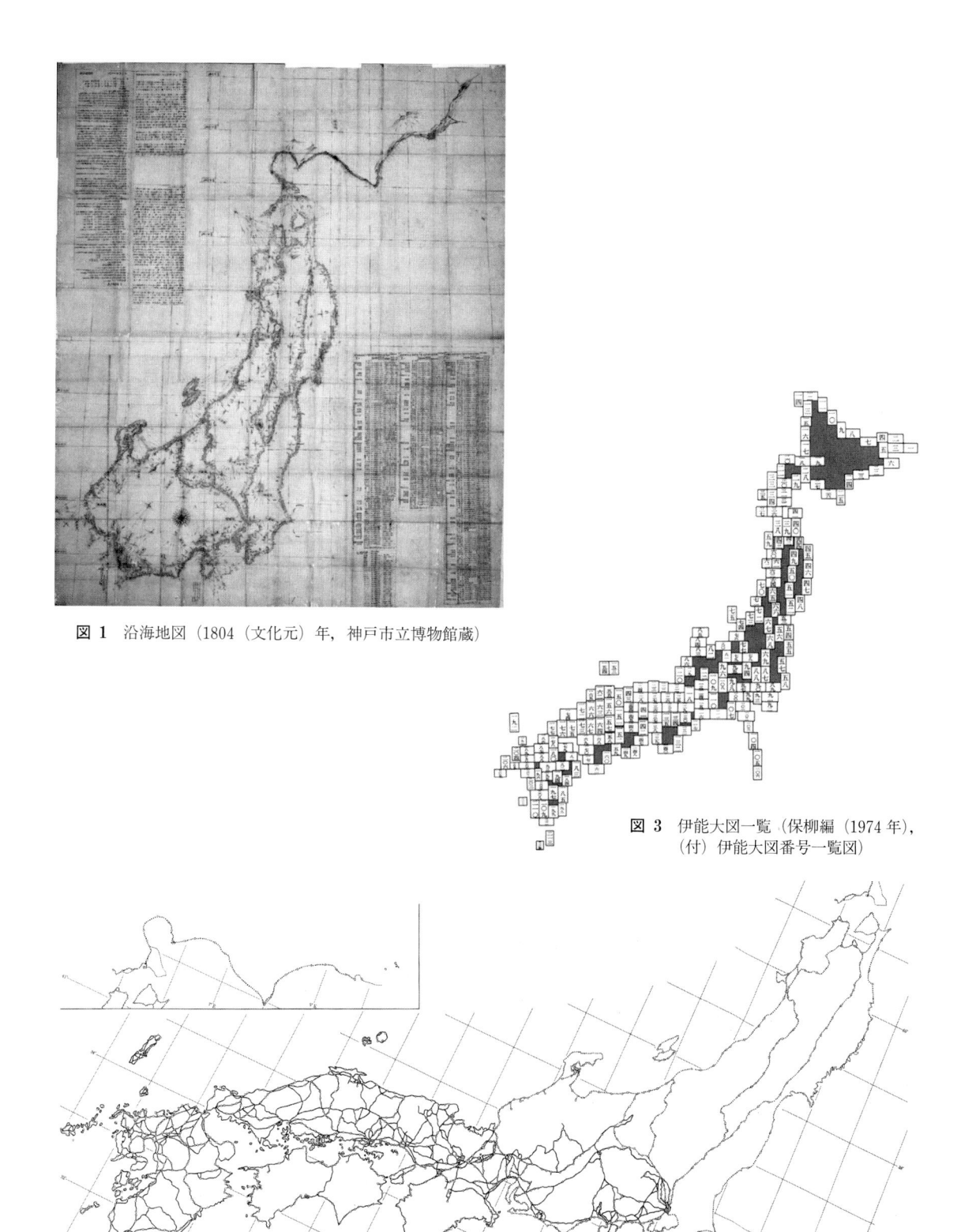

図2 伊能の測量ルートと天測地点（保柳編（1974年）付図II）

23. 近代日本図の原点

伊能図は秘匿されていたのか

　伊能図は，秘図として一般の人々の目にふれることはなかった，とされる．ところが，各種にわたる伊能図の写本は多く伝世しており，その姿と事業の偉大さをわれわれに教えてくれる．

　多くの写本類が伝世するのは，忠敬の測量調査が10回に分けてなされ，その折々に地図が作成されたためである．このほか，忠敬は諸大名家の求めに応じて図を献上している．萩藩全域を描く毛利家旧蔵の大図7枚（山口県立文書館蔵），平戸松浦家旧蔵西国海路図など（松浦史料博物館蔵），徳島蜂須賀家旧蔵中図（徳島大学付属図書館蔵），三河吉田大河内家旧蔵中図（東京国立博物館蔵，図4）などが知られている．また，昌平坂学問所旧蔵小図3枚（東京国立博物館蔵）は，高橋景保が献納したものである．これらの図は，現存する伊能図のなかでも描法も丁寧で，優品が多い．

　写本とはいえ，このような伊能図の残存状況をふまえると，為政者をはじめとして，多くの人々の目にふれていたことになる．

伊能図の刊行

　伊能図などを国外に持ち出そうとして起こった「シーボルト事件」で知られるオランダ商館医 Ph. F. v シーボルトは，日本の滞在記録とその際に収集した資料をもとに『日本』を著している．そこには「日本辺界略図」「改正日本輿地路程全図」とともに，伊能図に依拠したとされる「日本人作成による原図および天文観測に基づく日本国地図」が掲載されている．そしてこの図は，1840年に単独図「日本帝国図」として刊行された（図5）．

　国外への流出という点では，1861（文久元）年に英海軍の測量船アクティオン号が，日本近海測量を行おうとした際に，それを断念させるため，幕府軍艦方にあった伊能図を渡したとされる（現：英国立海事博物館蔵）．この図は，1863年にメルカトル図法に改訂が施され，イギリスで「日本と朝鮮近傍の沿海図」として公刊された．

　一方，わが国で伊能図が刊行物として世に出るのは幕末のことである．伊能小図をもとに，幕府開成所から木版3色刷の「官版実測日本地図」が，1866（慶応2）年に「北蝦夷」「蝦夷諸島」「畿内 東海 東山 北陸」「山陰 山陽 南海 西海」の4枚で刊行された．このうち「北蝦夷」「蝦夷諸島」は，北方探検家最上徳内や松浦武四郎らの成果に依っている．この図は1869（明治2）年に，開成所の後進である大学南校から，方位線などが一部省かれるとともに，若干の修正が施されて再刊された．

　前記「日本と朝鮮近傍の沿海図」は，1867（慶応3）年には，勝海舟の識語をもつ「大日本国沿海略図」（図6）として，装い新たに刊行をみている．いわば，伊能図の逆輸入ということになろう．

　このように，伊能図はわが国よりも早く，海外において世人の目にふれていたのである．

伊能図の命脈

　これ以降，日本全土の三角測量が成し遂げられるまで，伊能図を参考とした図が多く作成された．

　早い時期のものには，日本洋画界の草分けで，蕃書調所や陸軍にも勤めた川上寛の手で1871（明治4）年に刊行された「大日本地図」（1:864,000）がある．同図は，伊能図の空白部分を各種資料で補ったものである．また，1877（明治10）年文部省刊行の「日本全図」も，沿海と道路については伊能図を利用したことを記している．

　陸軍参謀本部は，1884（明治17）年に内務省地理局などの地形図，土木局の河川図，各府県が製した地図などとともに，伊能図を一部に利用した「輯製20万分1図」に着手する．この図は，関東・中部・近畿の製版にはじまり，1893（明治26）年にひとまず完成する．そして，これに代わる「20万分の1帝国図」に順次改められる昭和初年まで，国土の基本図として命脈を保ったのである．

〔小野田一幸〕

文献

大谷亮吉編著（1917）：伊能忠敬，岩波書店．
保柳睦美編著（1974）：伊能忠敬の科学的業績，古今書院．
東京地学協会編（1998）：伊能図に学ぶ，朝倉書店．

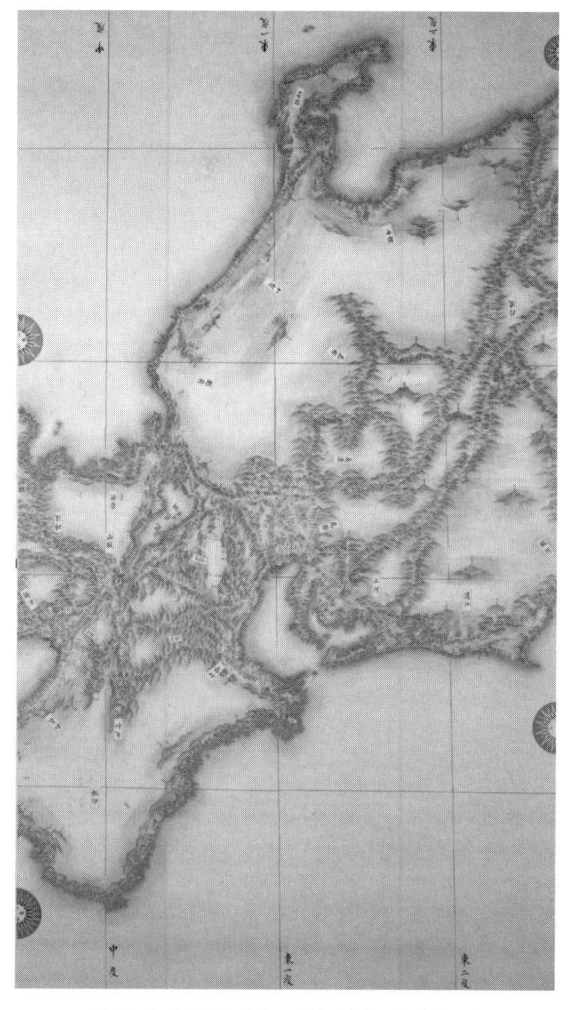

図 4　伊能中図　中部　（東京国立博物館蔵）

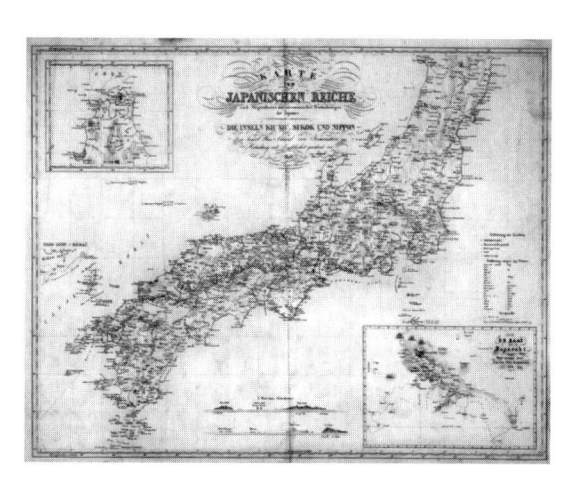

図 5　日本帝国図（シーボルト，1840 年，国立歴史民俗博物館蔵）

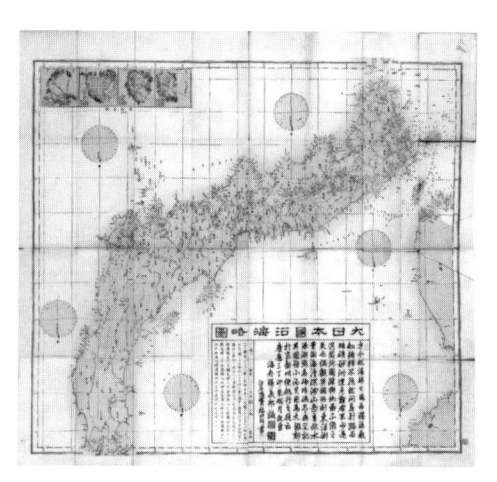

図 6　大日本国沿海略図（1867 年，神戸市立博物館蔵）

23．近代日本図の原点

24. 都市景観を描く
―絵のような地図―

貞秀以前の景観図

　わが国の地図の歴史において江戸時代が重要な位置を占めることは周知のことだが，特に18世紀後半という時代は，地図がより科学的・実証的な段階へと発展する時期で，19世紀には当時最高水準の世界図「新訂万国全図」(1810年)や，伊能忠敬の実測日本全図「大日本沿海輿地全図」(1821年)へと結実する．

　このような地図の発展とあわせて，豊富な情報を含有する多種多様な地図(世界図や日本図，道中案内図や江戸・京といった町図，名所旧跡図など)が刊行され，民間に流布していく．

　また地図を表現するうえでも，18世紀から19世紀の交わりの時期に，ある地域を一視点から全貌する一覧図が描かれるようになってくる．それは地理情報の集積と地図学の大いなる発展に加え，絵画技法のうえでも西洋画の遠近法が日本人画家に取り入れられるようになってきたからである．

　ある一定の高さから俯瞰した絵画表現ということでは，屋内の情景を吹抜屋台式に描く大和絵や，山水図などにも古くから見られることである．地図でみれば東大寺開田図(8世紀)に，平面図に加えて俯瞰的に地物が描き込まれている，つまり絵画的表現が混在している．

　ただ，特定の町を俯瞰して描き，そこにさまざまな地理情報を書き込んだ都市景観図(江戸時代には通常「一覧図」と呼ばれる)の出現は，近世初頭の洛中洛外図をはじめ江戸時代になってからである．ヨーロッパにおいては，16世紀後半に近代アトラスの嚆矢『世界劇場』(1570年初版)とならんで，都市図ばかりを集めた『世界諸都市』が刊行されたように，その都市の姿を知らしめる地図は古くから人気があった(31章参照)．

　わが国では19世紀初頭に，鍬形蕙斎(1764～1824年)や黄(横山)華山が江戸や京の都市一覧図を描き始める(図1, 2)．蕙斎の「江戸鳥瞰図」は，隅田川を手前に配し，遠く富士山を望むという構図をとっているが，富士山を図の上にもってくる，つまり西を上にすることが江戸図では常識である．この「江戸鳥瞰図」は当時における通常の方位と構図で江戸の都市景観を描いているわけだが，200を超える地名や名所・寺社が記され，単なる風景画ではなく地誌的情報の伝達を意図した地図であることはあきらかだ．また，彼は北海道(蝦夷地)から九州，朝鮮半島までをも見通した日本列島の俯瞰図(図3)も試みているが，それは後に多くの類似図を生み出している．

　このような見る人にとってわかりやすい「絵のような地図」は人気を博し，葛飾北斎を経て幕末の浮世絵師五雲亭貞秀の諸作品に，そして近代において鳥瞰図画家吉田初三郎へとつながっていく．

貞秀の都市景観図

　幕末期において人気・実力ともに一番の浮世絵師であった五雲亭(歌川)貞秀(1807～1877年頃)は，開港場横浜を主題としたいわゆる「横浜浮世絵」を大量に描いたことで知られる．また，橋本玉蘭斎の名で刊行された国図や日本図などにもかかわり，地図学史上にも重要な人物である．その貞秀の真骨頂ともいうべき作品群が，横浜をはじめとする都市や，各地の風景を描いた一覧図なのである．

　一覧図を描く契機は，貞秀自身が富士登山の際に，眼下に拡がる光景に感銘を受けたためといわれる．貞秀はその製作時には現地調査を行っており，それに基づく作品は幕末期の都市や地域の景観を今に伝えるものといってもよい．さらに図中には目にわずらわしいばかりの地名や地誌情報が記されており，絵と地図が一体となってその地域

図 1 「江戸鳥瞰図」（鍬形蕙斎，19 世紀初期，神戸市立博物館蔵）

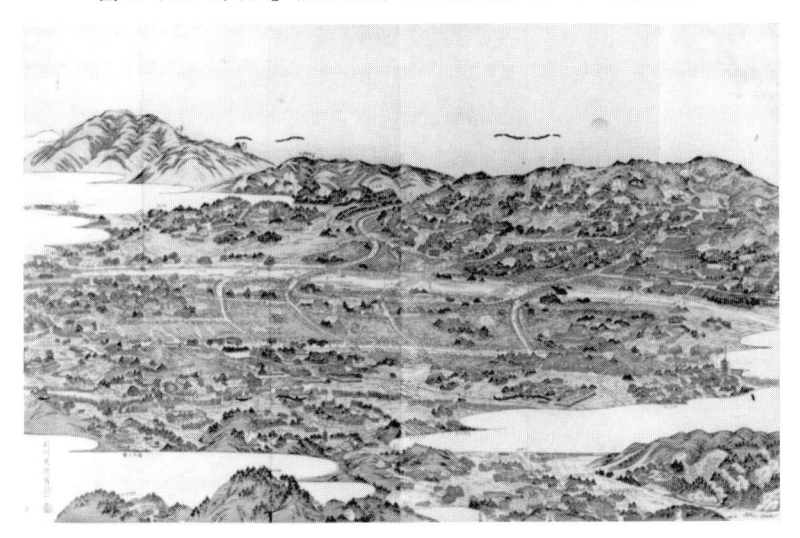

図 2 「華洛一覧図」（黄華山，江戸時代後期）

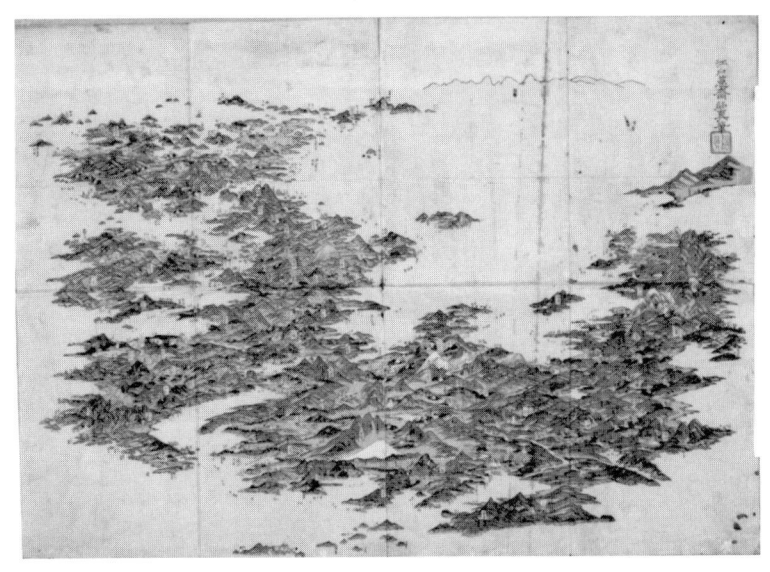

図 3 「日本名所の絵」（鍬形蕙斎，江戸時代後期）

の全体像を見る人々に提示している．

　横浜を例に取ってみよう．東海道神奈川宿の対岸に位置する横浜村は，19世紀中頃の幕末において開港場に決定するまではまったくの寒村であったという．幕府は神奈川宿ではなく対岸の横浜を中心に開港場とし，1859（安政6）年3月より突貫工事を進め，同年7月1日（安政6年6月2日）の開港日をむかえた．その頃の様子を描いたと思われるものが「横浜開港見分図」（図4）で，それ以後，町の発展とともに地図も大量に描かれるようになる．それらを通観することで，横浜の都市発達史をたどることができるほどである．特徴的なことは，近代的な平面図以前に俯瞰的で美しい鳥瞰図が大量に存在する，つまり江戸時代における姿が多く残されていることである．特に貞秀の手になる美しい鳥瞰図が中心で，その変貌振りを立体的にとらえることができる．

　開港直後の横浜を東海道側から海越しに俯瞰した「御開港横浜大絵図」（1860年，図5）の図中には「子安村よりの眺望の真景」と記されるが，西は富士山から東は房総半島までを含めたパノラマ図となっている．子安村付近にはこれほど見渡せる場所は存在しないから，画家の想像力と地理情報が組み合わさった結果であろう．

　この図と対をなす「御開港横浜大絵図 二編外国人住宅図」（図6）には1862年に建てられた横浜天主堂をはじめ主要建物，またそこの居住者名まで詳細に記載されている．図中には「先に横浜全図を出したが，外国商館の町を描き尽くしていないので，さらに第二編としてここに微細に描く」という意味の文言が記されている．このような言葉からすると，貞秀は真理を追究する性格の持ち主であったようで，彼の景観描写に信憑性を与えるものといえよう．都市形成史をたどるうえで，貞秀作品は格好の材料となる所以である．

初三郎の鳥瞰図

　「大正の広重」と称された吉田初三郎（1884～1955年）は京都出身で，友禅図案工を経て，洋画の鹿子木孟郎（かのこぎたけしろう）に入門した．洋画家を目指したが，師の勧めもあって商業画家の道に転じる．

　鳥瞰図を描くようになったきっかけは，「京阪電車路線図」（1913年頃）を皇太子（後の昭和天皇）に「きれいでわかりやすい」と褒められたことによると，自ら語っている．

　この「きれい」，「わかりやすい」，そして「豊かな情報」といった，見る側の人々の要求に応えようとする態度は，江戸時代から現代に至るまで，刊行地図の中に強く反映しているのではなかろうか．

　鳥瞰図を作成する際，初三郎は弟子たちとともに当該地域を事前調査し，数多くのランドマークを詳しくスケッチしている．その町を特徴づける建物や景観の姿を組み入れて描かれた鳥瞰図は，点と線と記号から構成された地図よりも，はるかにその場所をわかりやすく伝えるものとなっている．彼の作品は鉄道旅行の普及と相まって，名所や都市の案内図として多数刊行された．

　図7は1930（昭和5）年の観艦式とそれを記念して開催された海港博覧会用に作成されたものだが，三宮・神戸間を中心に大きく神戸の町を海側からの俯瞰で描き，港には多くの艦船が浮かぶ．市内には1931（昭和6）年に高架開通する鉄道線や名所旧跡，主要建築物を細かく描き入れている．

　初三郎の鳥瞰図は，商業主義の色合いが濃く，依頼主からの要望に応えて極端なデフォルメがなされていることがある．科学的正確さを問えば否定されるべき地図だろうが，その地域をわかりやすく伝えるものであったことは違いない．

〔三好唯義〕

文　献

矢守一彦（1974）：都市図の歴史 日本編，講談社．
矢守一彦（1984）：古地図と風景，筑摩書房．
矢守一彦（1992）：古地図への旅，朝日新聞社．
神奈川県立博物館編（1979）：集大成横浜浮世絵，有隣堂．

図 4 「武州横浜開港見分之図」
　　　（真虎，1859 年）

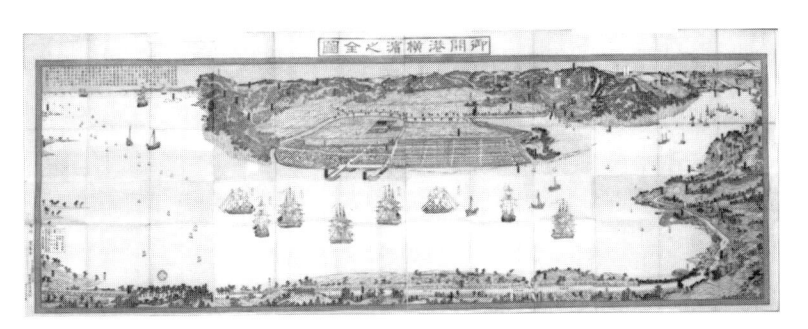

図 5 「御開港横浜大絵図 完」（玉蘭斎橋本謙，1860（万延元）年）

図 6 「御開港横浜大絵図 二編外国人住宅図（部分）」（玉蘭斎橋本老父誌，1862（文久 2）年頃）

図 7 「大神戸市を中心とせる名所鳥瞰図絵（部分）」（吉田初三郎，1930（昭和 5）年）

24．都市景観を描く　　81

25. 植民地における森林資源の地図化
―「朝鮮林野分布図」―

　近代の植民地において，地図は土地の領有を表象するとともに，領土の把握と管理を遂行するための重要な技法であった．旧大日本帝国においても，大縮尺の地形図や外邦図によって国内外の領土と侵攻域が掌握され，さらにはここで紹介する林野図のように，より具体的な資源と環境を管理し，運用するための地図作成が進展していた．

　朝鮮半島の場合，日清戦争時に臨時測図部による外邦図作成が始まり，その地形図作成が併合後の朝鮮総督府に継承されていくが，このような基本図の作成と並行して，植民地の支配と開発を左右する重要な地理的情報として，森林資源の把握と地図化が試みられていた．農商務省山林局が1902（明治35）年に行った調査旅行はその最初期の例であり，さらに1905（明治37）年の調査では，植生ならびに流通・市場の概況，そして林業開発の方策を総合的に提言する段階に至っていた．そこでは，大規模な林業開発の対象となるまとまった原生林が北部に残っているものの，南部では保護と造林が必要な「禿山」が卓越しているとされ，このような林野の「荒廃」の主因の1つが火田（焼畑）だとされた．

　このような調査の蓄積を経て，日韓併合が強行された1910（明治43）年に，林籍調査事業が慌ただしく行われた．これは，林野分布とその面積を，林相および所有者で区分して把握するもので，その結果を朝鮮総督府農商工部が地図化したものが，1910（明治43）年に作成され，そしてその2年後に一般公開された「朝鮮林野分布図」（1：500,000）である．さらに1915（大正2）年には，その修正版が出された．図1は，1915年版の一部であり，林野の植生が「成林地」（緑），「稚樹地」（黄緑），「無立木地」（黄）に区分され，さらに「国有林」が「要存予定林野区域」（赤線），「第一種不要存林野区域」（青線），「区分未定国有林野区域」（黄線）に区分されているほか，赤松と火田が特に記号で示されていた．林野の多くは「成林地」とされ，その周囲に「稚樹地」と「無立木地」が分布している．「無立木地」中には火田が散見され，焼畑と森林減少の関連性を印象づけている．また，林野の大半は「国有林」として囲い込まれており，特に鏡城郡の中央部には「要存予定林野区域」が設定されていることがわかる．「要存予定林野区域」は，主として軍事および経営上，良材の伐採に適した場所が選定された．

　このように示された林相の区分と分布の精度は，実は決して高いものではなかった．1910年版および1912年版に付せられた説明には，「本部員ノ実地踏査セル二十万分一見取図ヲ更ニ縮小セルモノナリ．調査ハ努メテ速成ヲ期シタルカ故ニ，微細ノ点ニ至リテハ或ハ正確ヲ保チ難シ」との文言が添えられていた．しかしながら，森林資源の排他的な支配と植生の管理を行ううえで，このような地図の作成は不可欠であり，併合後，間髪をおかずに完成させる必要があった．そして発行後は，朝鮮総督府の林業政策を展開し，それに付随する「火田整理事業」の「妥当性」を主張するうえで，きわめて効果的な表象として機能したのである．

〔米家泰作〕

文　献

権　寧旭（1965）：朝鮮における日本帝国主義の植民地的山林政策．歴史学研究，297号，pp.1-17.

土井林学振興会編（1974）：朝鮮半島の山林，土井林学振興会．

藤田佳久（1989）：旧韓国時代末の朝鮮における森林資源の評価と経営管理プラン．愛知大学国際問題研究所紀要，99号，pp.1-41.

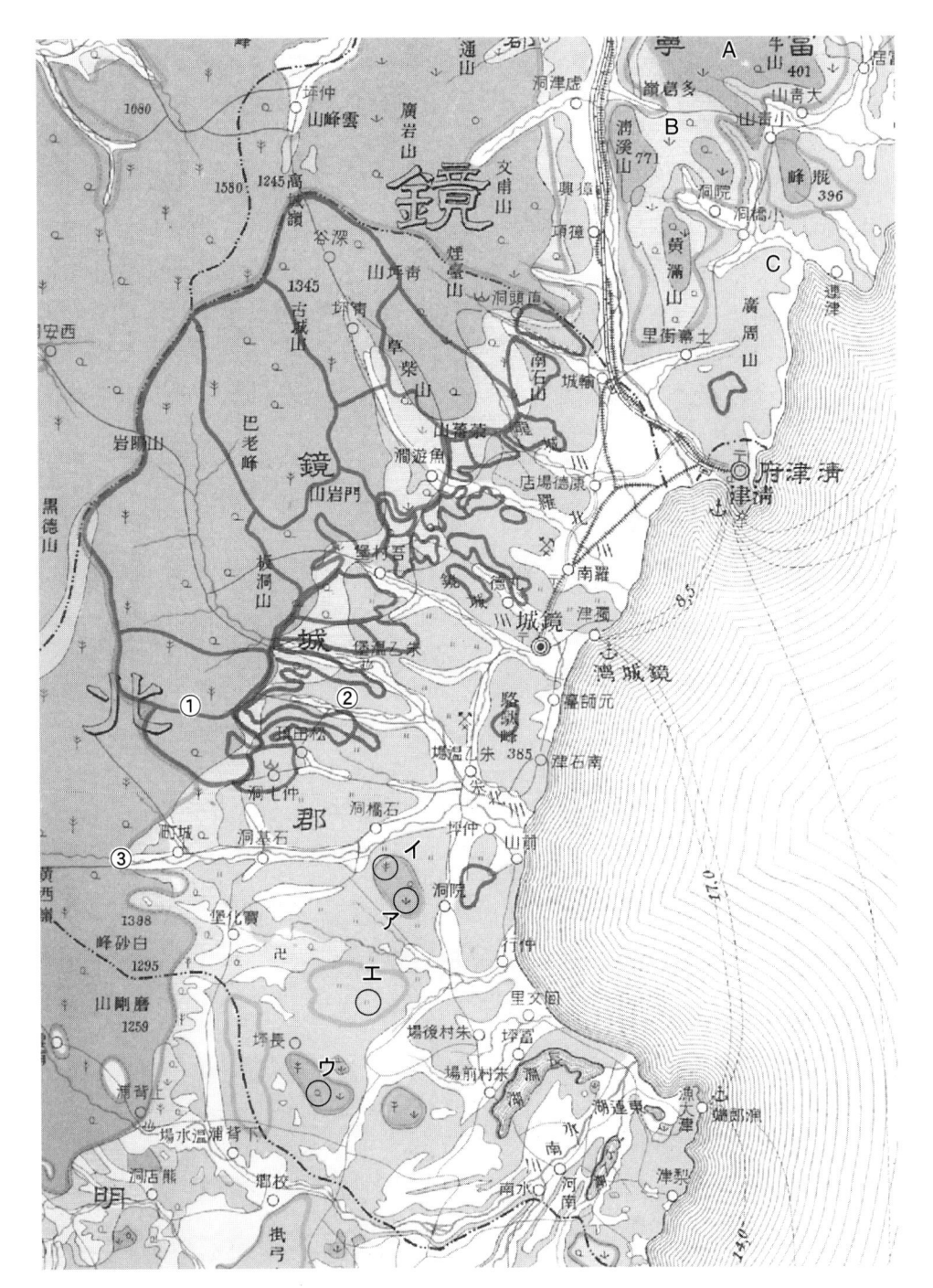

図1 「朝鮮林野分布図」（1915年版）より咸鏡北道清津付近（京大図情サ特資 04-083号による掲載許可）
　　A　成林地（緑）　　　①　要存予定林野（赤線）　　　ア　赤松
　　B　稚樹地（黄緑）　　②　第一種不要存予定林野（青線）　イ　赤松以外ノ針葉樹
　　C　無立木地（黄）　　③　区分未定国有林野（黄線）　　　ウ　濶葉樹
　　　　　　　　　　　　　　　　　　　　　　　　　　　　　エ　火田（赤）

26. 伝統文化の発見と表象
―「日本民芸地図屛風」―

　近代期には民俗芸能や郷土玩具など民衆に関わる伝統的な文化が新たに注目され，それらの所在は時折地図化され全国的な展開が示された．民衆の日用雑器に新しい美的・文化的価値を求めた民芸運動が発見した地域の諸工芸，すなわち民芸もそうした対象の1つである．民芸運動もしばしば地図を作成し，1920年代に本格化した蒐集活動の成果をそこに提示していった．

　美を巡る文化運動である民芸運動の地図は，そのほとんどが美しくデザインされている．戦前期においてそれらの地図の多くを作成したのは，運動同人で後に人間国宝となる染織家の芹沢銈介である．「日本民芸地図屛風」（**図1**：部分）も芹沢が1941年に作成した大作である．3隻16曲にわたり，1隻目（6曲，170×502 cm）には北海道の一部，東北・関東地方と中部地方の一部，2隻目（4曲，170×334 cm）には中部・近畿地方，3隻目（6曲，170×496 cm）には中国・四国・九州・沖縄地方が描かれている．

　ここで産地は25種類の絵記号を基本として示されている（図中には，共通の凡例と異なるものがある）．大半は民芸運動独自のまなざしによって価値づけられた産地である．**図1**右下に凡例としてあるように，絵記号は染織や竹細工など産品にならって図案化されている．産品の図案化は，やはり芹沢によって同時期に作成された「諸国民芸分布図」（**図2**）にも見られる．図案化された絵記号が府県ごとにランダムに配されているだけであるが，絵記号自体は**図1**よりも産品の形態に近い形でデザインされている．これらはいずれも地図のデザインの一部ではあるが，一方で産品と産地を視覚的な形で結びつける効果ももっている．

　表1に「日本民芸地図屛風」の産地掲載数を道府県別で示した．西洋化・近代化の影響が比較的少ない周辺部としての東北が注目されていることがわかるだろう．しかし北海道は対象外となっており，図にもほとんど描かれていない．3隻目に描かれている沖縄に20種と比較的多くの産地が表記されているのとは対照的である．こうした傾向は決して民芸運動のみに限ったことではなく，当時の文化的まなざしの対象をめぐる地域差を，ここから見て取ることができる．

　表現上興味深いのは，道府県とともに旧国が表現されている点であろう．旧国は朱・浅緑・象牙・小豆・灰の5色で塗りわけられ，それぞれ旧国名が記されている．一方，府県境・府県名は白1色で表現されているのみで，視覚的な印象は旧国の方が強い．民芸とは近代に創られた価値観・概念であるが，実際に見いだされた工芸品の多くは近世期に起源をもっていた．それゆえ，民芸を養った土壌としての近世の地域区分への意識がこうした表現を通して表されていると考えられる（小畠，2001年）．

　屛風という形態上の制限から東西方向に長く変形された地図において，産地のおよその位置を知らしめているのは鉄道路線である．主要路線が黒線で描かれ，主要駅と駅名が白丸に赤字で示されている．大正後期に始まる運動による地方民芸発見の作業は，鉄道という近代的なインフラの整備およびそれによる旅（観光）の一般化と不可分であった．その意味で，旧国の表現と鉄道路線とがともに描かれた「日本民芸地図屛風」は，近世的（伝統的）文化の近代における発見の過程を象徴的に表しているものであるともいえよう．

〔濱田琢司〕

文　献

小畠邦江（2001）：柳宗悦の足跡と産地の地図化―「日本民藝地図屛風」の成立を中心に―．人文地理，53巻3号，pp. 230-247．

白鳥誠一郎・小畠邦江ほか（2000）：特集 芹沢銈介の地図．民芸，573号，pp. 4-26．

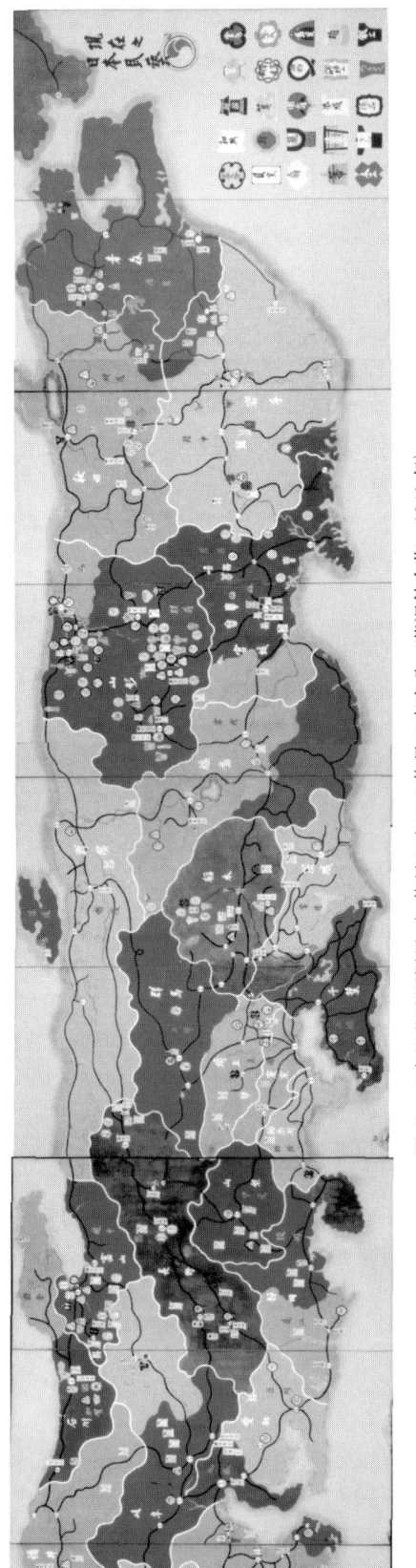

図1 日本民芸地図屏風（1隻目および2隻目の東半分、芹沢銈介作、1941年）

図2 諸国民芸分布図（芹沢銈介作、部分、武場隆三郎『諸国の民芸』（講談社、1947年）

表1 「日本民芸地図屏風」県別産地掲載数

道府県	掲載数	道府県	掲載数	道府県	掲載数
北海道	0	滋賀	3	香川	11
青森	20	京都	8	愛媛	8
岩手	32	大阪	1	高知	12
宮城	26	兵庫	6	福岡	10
秋田	27	奈良	3	佐賀	5
山形	78	和歌山	10	長崎	1
福島	11	鳥取	7	熊本	8
茨城	5	島根	15	大分	4
栃木	17	岡山	8	宮崎	2
群馬	6	広島	11	鹿児島	11
埼玉	12	山口	7	沖縄	20
千葉	4	徳島	10	計	541

注）小畠 (2001), pp. 240-241 も参照．

26．伝統文化の発見と表象　85

27. 郊外の表象
―郊外住宅地プラン図―

19世紀末期以降，日本の大都市において顕現する公害や人口過密化などの都市環境の悪化により，都心と対置される形で「健康地」としての「郊外」が創造された．経済的に余裕のある階層は次第に環境のよい郊外住宅地へ移転し，かつてなかった職住分離による郊外居住というスタイルが創出されたのである．このように，郊外住宅地の出現は近代を特徴づける事象のひとつといえる．

郊外住宅地の多くは，明治末期以降に出現した鉄道会社や不動産会社によって開発された．特に鉄道会社は，郊外住宅地を沿線に形成し都市住民を誘引することで，主に通勤という形で鉄道利用の増大を期待した．そこで，住宅地の分譲に合わせて，趣向を凝らしたさまざまな広告や案内図を作成することで，未開の地であった郊外を人々に喧伝し，郊外生活へ誘ったのである．

池田室町郊外住宅地

最初の郊外住宅地として広く知られているのが，箕面有馬電気軌道（現在の阪急電鉄）によって沿線の池田駅周辺に1910（明治43）年に分譲された池田室町郊外住宅地（図1）である．

住宅地の分譲にあたり，箕面有馬電気軌道はさまざまなパンフレットや新聞広告を作成し，池田室町での理想的郊外生活を大阪市民に勧めた．新聞広告（図2）によると，池田室町住宅地の第1次分譲計画では，敷地100坪の地に建坪20坪前後の2階建て家屋85軒を分譲するとあり，かなり余裕をもった計画であることが理解できる．また，住宅地の特色として良好な住環境，施設の充実，大阪との近接性を提唱した．

計画の詳細については図1から知ることができる．図1は第1回分譲に合わせて作成されたと考えられる「箕面有馬電気軌道株式会社池田新市街平面図」（1:1,000）である．これによると，池田駅（図の左下）の西方に，呉服神社境内を取り囲む形で207区画の住宅地が計画されている．さらに，呉服神社への斜行道路，中央の大通りを取り入れており，単調な格子状の住宅地を避けているといえよう．また，4パターンの分譲住宅83戸が庭園と合わせて巧みに配置されている．

図1の平面図はその大きさから案内所や駅などに掲示されたものと推察される．パンフレットや広告などの文字情報によって郊外生活を勧められた都市住民は，この平面図によって郊外生活のイメージが具体化されたといえよう．池田室町の郊外住宅地は売り出し早々に完売となったが，住宅地平面図もそれを助勢したといえるだろう．

住宅地平面図の役割

郊外住宅地の開発は，その後，他の私鉄や土地会社も含めて盛んに行われ，都市周辺部にベッドタウンとしての郊外住宅地が急激に拡大された．その分譲に際して，図1のような住宅地平面図が次第にパンフレットや広告の中に積極的に掲載されるようになっていった．すなわち，より広範囲の人々に対して住宅地の具体像が提供されたのである．住宅地平面図は，都市からの忌避を希望する人々に郊外生活の理想像を視覚的に想像させるメディアとしての役割を期待されたといえよう．

〔松田敦志〕

文　献
「阪神間モダニズム」展実行委員会編（1997）：阪神間モダニズム，淡交社．
片木　篤・藤谷陽悦・角野幸博編（2000）：近代日本の郊外住宅地，鹿島出版会．

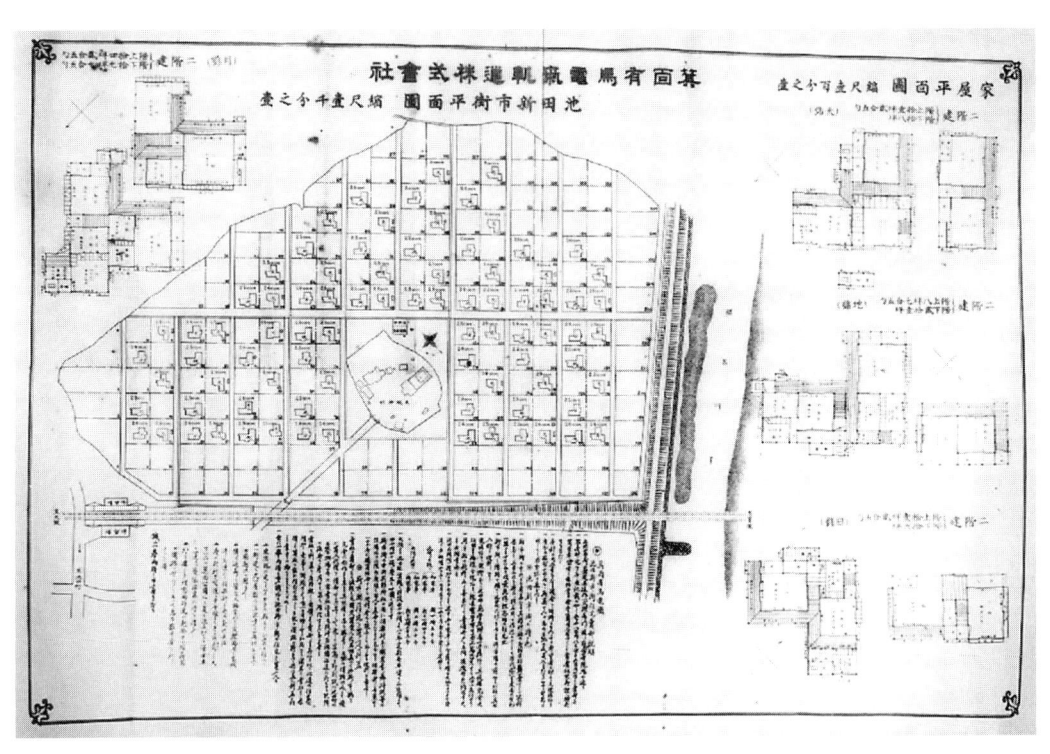

図 1　池田室町住宅地平面図（1910年，阪急学園池田文庫蔵）

図 2　池田室町住宅地広告（大阪朝日新聞 1910 年 6 月 15 日付）

28. 古代世界像の完成とそのルネサンスにおける復活

　古代ヨーロッパにおける世界像は，ギリシャ時代より徐々に形成，拡大されていったが，それを大成したのがクラウディオス・プトレマイオス（ギリシャ名 Klaudios Ptolemaios, ラテン名 Claudius Ptolemaeus, 英語名 Claudius Ptolemy）である．一定の規格に従って世界の全体と部分を表出するという彼の発想は地図集の形式をとり，それは，ルネサンス期に再生，復元され，イタリアを中心とするヨーロッパ各地で刊行されて広範に流布することになった．

プトレマイオスの地理思想

　プトレマイオスは，紀元2世紀の五賢帝時代にエジプトのアレクサンドリアで活躍し，古典古代の地理学を集大成した．その『アルマゲスト Almagest』（原題は『数学集成』）とならぶ主著，『地理学 Geographia』（原題は『地理学マニュアル』）には，プトレマイオスの地図思想が雄弁に語られている．まず『地理学』の冒頭部分には，地誌学（コログラフィア）と対比する形で，地理学（ゲオグラフィア）の定義が掲げられる．すなわち地誌学が場所の描写であるのに対し，地理学は「この地球の人知の及ぶ部分の全体と，あわせて，通常そこに結びつけられるものとを図形化して表現するもの」とされ，地理学は"人間の住む世界（オイクーメネー）"の地図化ないし世界地図学に他ならないことが宣言される．

　このあと先駆者としてテュロスのマリノス（Marinos, 紀元70～130年頃）の円筒図法による地図学を批判的に検証して，自らの円錐図法の原理を詳説する．そこではテューレ（Thule, 63°N）を北限，アギシンバ（Agisymba, 16°25′S）を南限とし，さらに幸福諸島（Fortunatae Insula）を西限の本初子午線とし，セリカ（Serica）を東限の180°Eとするオイクーメネーが設定され，この地球の約1/4にあたる範囲の地図化が，幾何学的作図法と略図によって説明される．その上で計26葉の世界の部分図ないし地方図を作成していたことが明示されている．

プトレマイオスのイギリス像

　『地理学』の中心部は，古代のオイクーメネーの地名・地誌情報が整然と記述，配列された地名目録となっている．その世界秩序は，西から東へ，また北から南への配列を基準としていたことが明瞭であり，そのため世界記述の冒頭はイギリス諸島になる．記載内容には，他の地域記述と同様に一定の秩序が存在し，①海岸部ないし境界部（湾，河口，岬，半島，河川，国境など），②内陸部ないし中心部（民族と都市），③周縁部（島嶼など）という3つのカテゴリーに区分される．すなわち「境界―内―外」という地域把握の方法が世界の記述に貫かれている．このうちイギリス諸島の四至の地名情報を利用して作図した結果が図1である．地点間相互を直線で結ぶだけのもっとも単純な方法で作図してあるが，紀元2世紀当時の地中海世界からの視線によるイギリス像が浮上してくる．

　最大の特色は，カレドニア（スコットランド）地方が東へ屈曲し，本来ブリテン島の最北端であるべきタルエドルム岬（11）が最東端に位置づけられていることである．この歪みは，プトレマイオスが古来よりの諸記録や旅行記，航海記などを利用して距離を算出し，さらにそれらを経緯度に換算したためと解釈されるが，カレドニアそのものの形態には大きな揺らぎはない．このことからローマ属州としてのブリタンニア（現イングランドおよびウェールズ）とそれに抵抗するケルト系カレドニアの情報が地中海世界へ個別にもたらされ，両者の接合に錯誤が生じたと推測される．したがってローマにとっての帝国内支配地域-帝国

図1 プトレマイオスの地名目録によるイギリス像

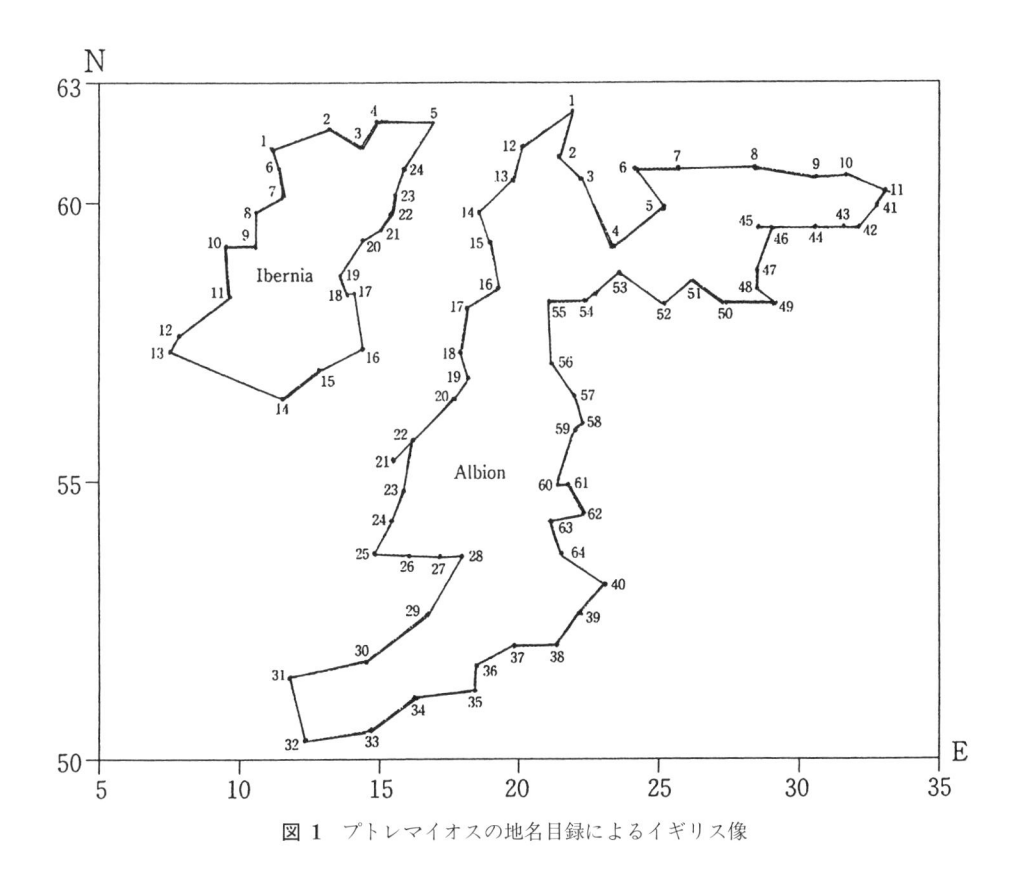

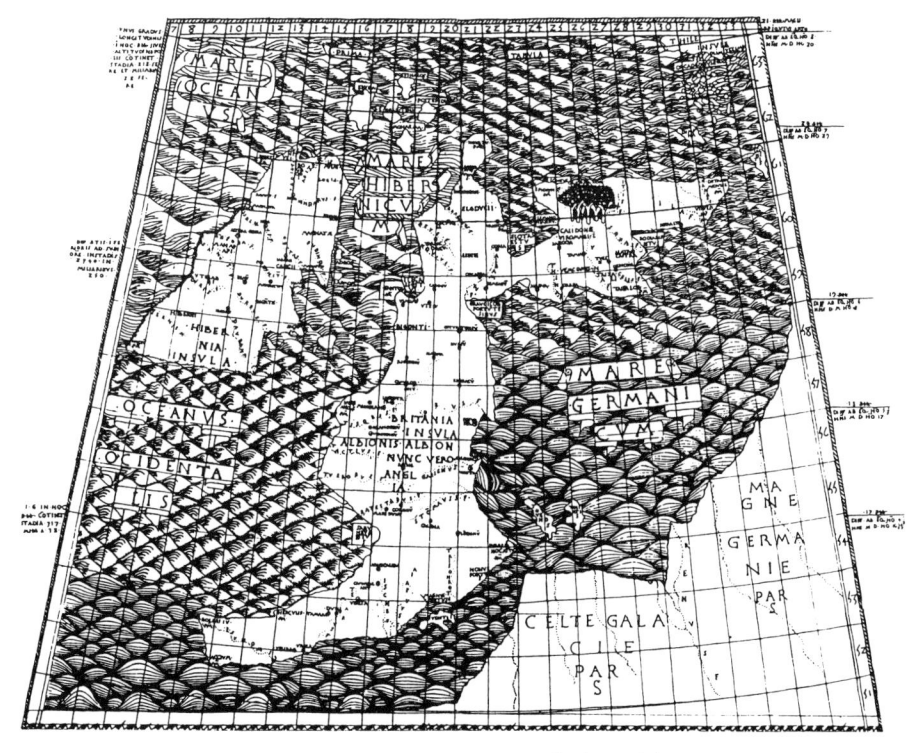

図2 ボローニャ版イギリス諸島（1477年）

外非支配地域という政治図式が情報ないし地図に投影された結果と解釈できる．

プトレマイオス地図集の復活

『地理学』は地球球体説を基盤としていたため，中世の西ヨーロッパでは顧みられず，むしろ東ローマからアラブ世界へと継承されていった．そのため現存最古の写本は，13世紀後半から14世紀初頭にかけてビザンティンで作成されたものである．こうした写本の1つが東ローマ帝国の崩壊期にルネサンス期イタリアにもたらされ，1406年にJ. アンジェロ（Jacopo Angelo）の手でギリシャ語からラテン語への翻訳が完成し，時の法王アレクサンドル5世に献呈された．原文の翻訳と並行して，地図の復元も試みられ，15世紀後半以降は印刷術の活用により活字印刷本と木版・銅版印刷図が，アトラス形式によって各地で出版された．

ボローニャ版プトレマイオス図と世界図

ルネサンス期で初めての刊本となった『地理学』の訳書，『コスモグラフィア』に付載されたのが，ボローニャ版（1477年）付図（図2）である．台形のフレームと正距円錐図法で描出されるが，海洋の類型化された波やスコットランドの森林などの絵画表現に特色がある．輪郭は単純化され，地図としての厳密さよりむしろ，銅版印刷の長所を生かした装飾性に重点が置かれている．同じボローニャ版の世界図（図3）でも，経緯度と経緯線の明示のほかは，周囲の12風神，海洋の波，山脈表現など，プトレマイオスの指示を超えたルネサンス期独自の絵画的手法が用いられている．地誌的には，地中海の東西幅，ナイル川源流としての「月の山」，インド半島に代わるタプロバナ（セイロン）島などが注目されるが，後世への最大の影響は，アフリカ大陸から東南アジアに延びる「未知の土地 Terra Incognita」の想定である．大航海時代以降は，この南半球の巨大大陸の探索が大きな課題となっていった．

メルカトル版プトレマイオス世界図

ルネサンス期には，こうした古代情報の確認とその新情報による修正を経て近代的世界像が構築されることになるが，グリッド（経緯線）による世界把握とその遠心的拡大の可能性という発想自体も注目され，レオナルド・ダ・ヴィンチらの参照するところとなった．このため，ボローニャ版以降，ローマ，フィレンツェ，ウルム，ストラスブール，バーゼルと，イタリアおよびその周辺でテクストと復元図の刊行が相次ぐことになり，ヨーロッパ社会に深く浸透していった．

こうしたプトレマイオス復活の決定版となったのが，G. メルカトル（Gerard Mercator）の編纂したデュースブルク版である．その初版は1578年と遅いが，世界図から始まる全27図の裏面には，主要地点の経緯度や各図葉に包含される地域の簡潔な地誌が記載され，形式的には近代地図帳に近くなっている．世界図（図4）も周辺に風神やマニエリスム風装飾が施されるものの，地図そのものはプトレマイオスの第2円錐図法の原理を用い，海岸線や河川の屈曲はより自然な描出がされる．このように，デュースブルク版は内容の科学性・近代性と，外観の装飾性が共存し，また両者が統一された地図帳となっているため，1730年に至るまで7版を重ねて，文字どおりプトレマイオスの決定版となっていく．

メルカトルは，プトレマイオス図復元と並行して，別の新しい近代的地図帳を構築しており，復元図はいわばダブル・スタンダードの一方としての意味を有している．

〔長谷川孝治〕

文　献

L. パガーニ解説, 竹内啓一訳(1978)：プトレマイオス世界図―大航海時代への序章―，岩波書店．

C. プトレマイオス著, 中務哲郎訳(1986)：プトレマイオス地理学，東海大学出版会．

C. Ptolemaeus (rept. 1963): *Cosmographia, Bologna 1477*, Amsterdam.

G. Mercator (rept. 1964): *Tabvlae Geographicae Cl : Ptolemei ad mentem autoris restitutae & emendate*, Bruxelles.

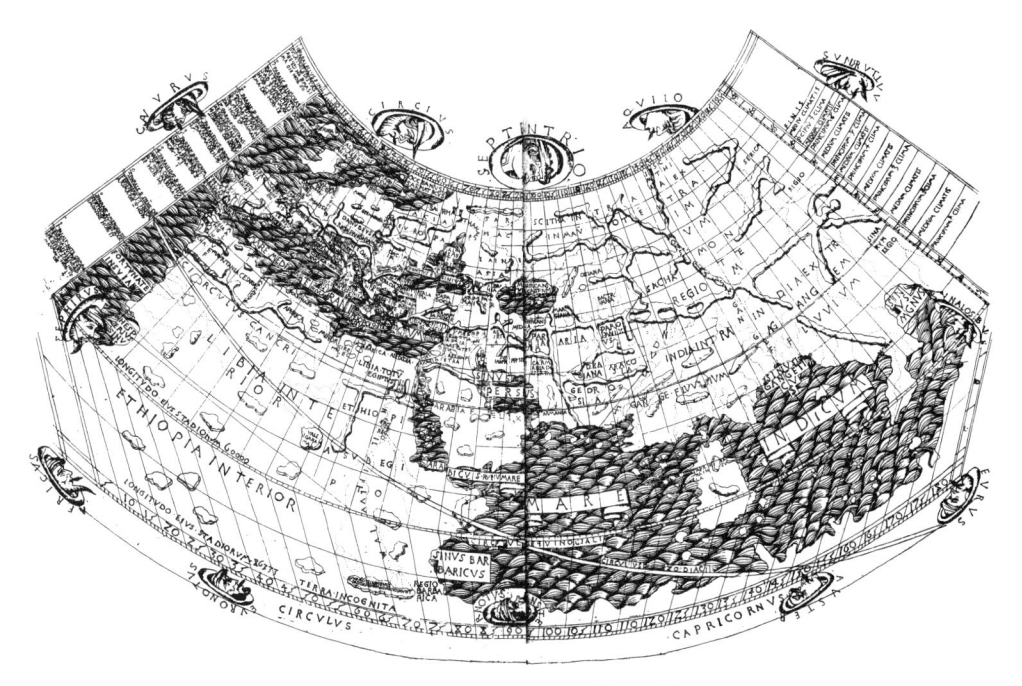

図 3 ボローニャ版世界図（1477 年）

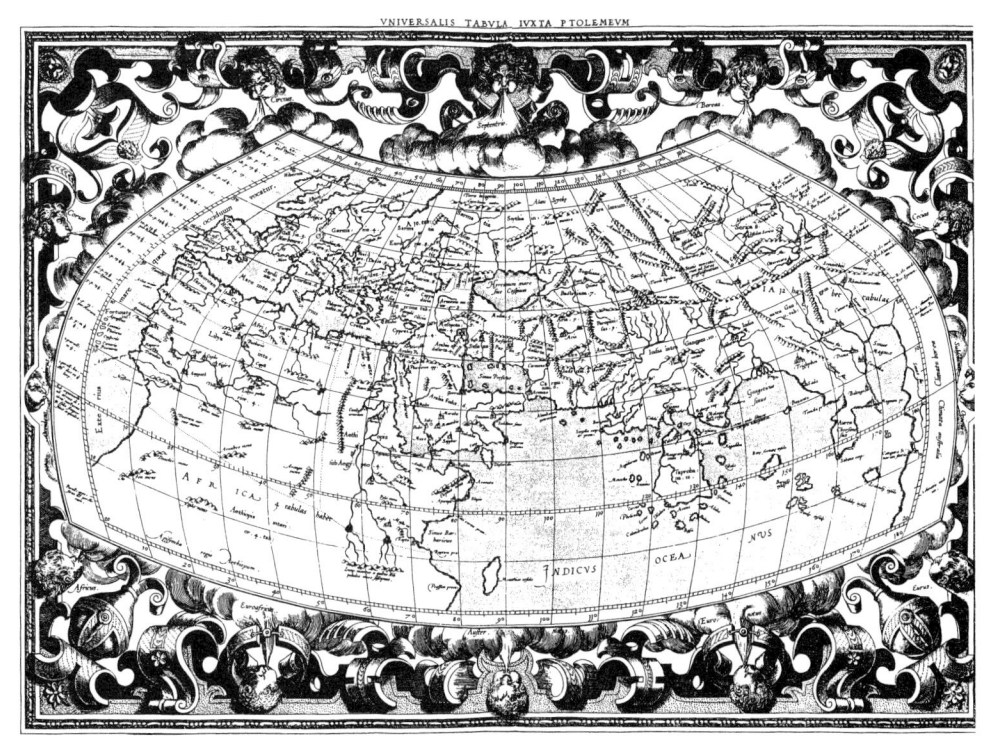

図 4 メルカトル版世界図（1578 年）

28. 古代世界像の完成とそのルネサンスにおける復活

29. 海上からの視点
―ポルトラーノ型海図―

ヨーロッパ中世といえばTOマップを想起するが，その一方でポルトラーノ（portolano）とよばれる海図が遅くとも13世紀後半に誕生した．ポルトラーノ（イタリア語）は港（porto）から派生した語である．元来ポルトラーノとは航海者向けの港湾案内書であり，ポルトラーノ型海図はこの案内書に挿入された付図であった．のちに海図そのものも好評を博し，独立して作られるようになった．イタリアではシンプルな海図が，カタロニアでは記載対象が内陸にも及ぶ装飾的海図が製作され，特に初期の海図には地域性が見られた．

ポルトラーノ型海図には，航程線網，地名の分類，難所の表現という3つの特徴がある．第1の航程線網とは，中心に1つとその周囲に16の計17の方位盤が置かれ，そこから32本の航程線が放射状に伸びる表現様式である．これはポルトラーノ型海図の顕著な特徴であり，羅針盤の使用とポルトラーノ型海図の起源には密接な関係があると考えられている．第2に，海岸線に対し垂直方向に配置された地名の記入には赤黒2色のインクが使用されている．赤インクで記された地名は水や食糧の補給が可能な港を意味する．第3にポルトラーノ型海図には水深に関する表現はない．しかし，座礁の危険性の高い沿岸海域には赤い小片，十字（＋），ドット（・）を描くことによって，浅瀬や岩礁の存在という危険情報を提供している．

京都大学総合博物館蔵ポルトラーノ型海図

右ページに示した海図は京都大学総合博物館蔵のポルトラーノ型海図（図1）である．海岸線の出入りがやや強調されてはいるものの全体的な形は整っている．ペロポネソス半島と大きな島嶼の海岸線は彩色されているため，海岸線の形状が確認しやすい．航程線の起点となる17の方位盤のうち10には円盤模様の装飾がある．大型の方位盤の上方にはユリの紋章が描かれ，北を印象づけている．地図の上方と下方に配された額縁装飾の中には縮尺が，リボン装飾の中には大陸名が記されている．内陸に関する情報は少ないが，紺色の線で描かれた河川が目に留まる．多くの河川は1本の線で示されるが，ローヌ川とナイル川には河口付近の分流も描入されている．

ところで，このポルトラーノ型海図には署名はないが，都市図が1つだけ描かれている（図2）．俯瞰的都市図が海図に描入される例は多くあるが，1ヶ所のみというのは珍しい．位置と都市の概観からマルセイユに比定できる．この都市図が製作地や製作者，あるいは注文主との関係を示す鍵の1つになるかもしれない．

さらに，ロドス島（図3）とマルタ島に注目してみると，いずれの島も4つの島から構成される諸島のように見えるが，実は赤地に白十字の旗が島を覆うように描かれている．これは聖ヨハネ騎士団とその後継であるマルタ騎士団の軍旗の図柄である．宗教騎士団の1つである聖ヨハネ騎士団はロドス島に本拠地をおいて巡礼者向けの医療活動などに従事していた．しかし，1522年にオスマン帝国との戦闘に敗れ，本拠地をマルタ島に移すことになる．マルタ島に軍旗を描くことができるのは，史実から早くとも16世紀後半以降と推定できる．1枚の地図に時代を異にする事象が同居することになるが，地図製作者やヨーロッパの人々の政治的意識をそこから見ることができよう．

〔矛田祐子〕

文献

T. Campbell (1987): Portolan Charts from the Late Thirteenth Century to 1500. *The History of Cartography* Vol.1 (edited by J.B. Harley & D. Woodward), The University of Chicago Press.

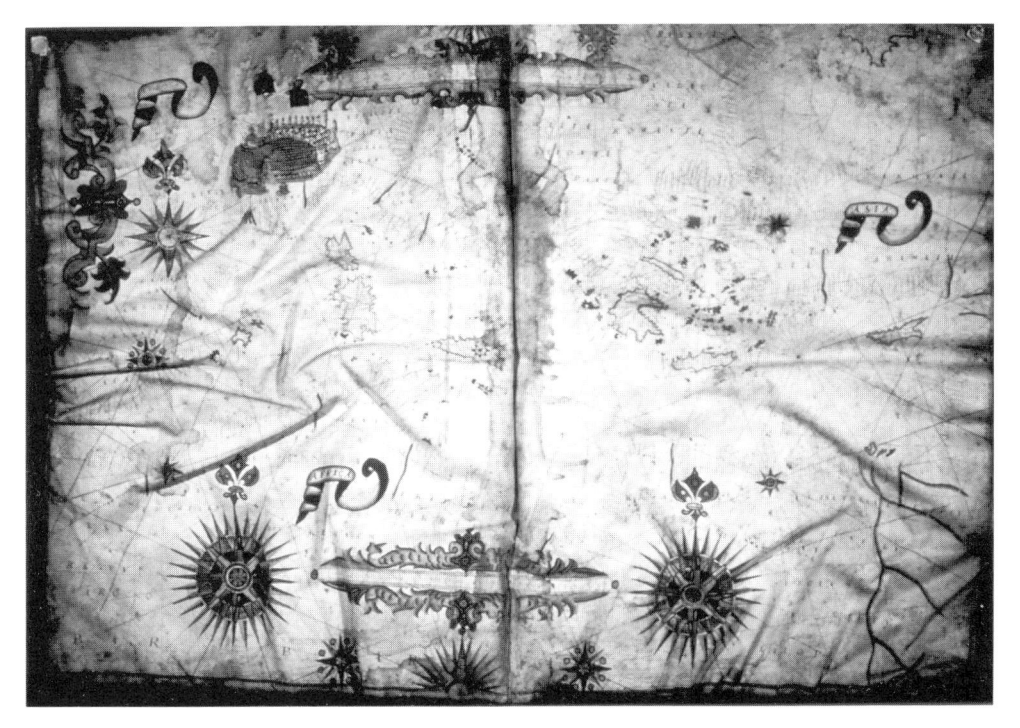

図1 ポルトラーノ型地中海図（52.5×72.0 cm，京都大学総合博物館蔵）

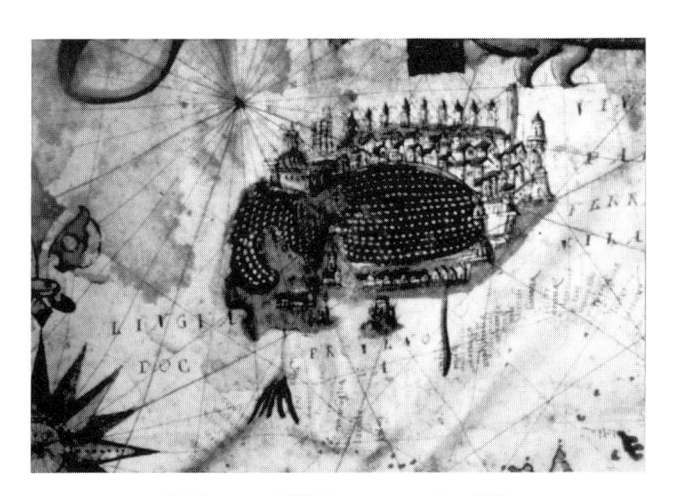

図2 ローヌ川河口・マルセイユ付近

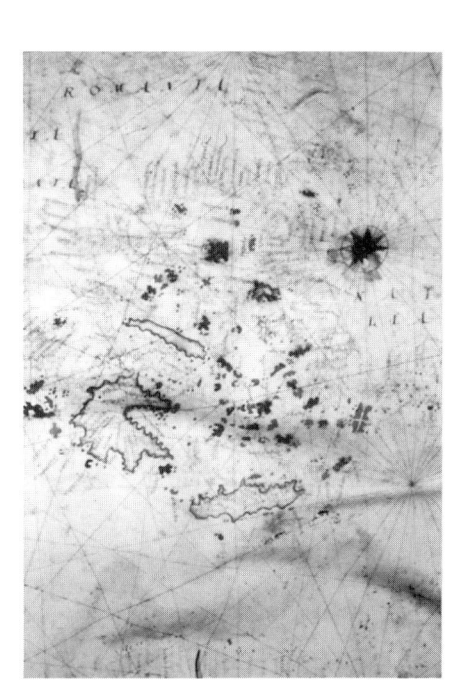

図3 エーゲ海域

30.「坤輿万国全図」
―東西の出会い―

■ マテオ・リッチと世界図

中国におけるキリスト教布教の先駆者マテオ・リッチ（Matteo Ricci, 中国名は利瑪竇）は，1552年にイタリア中部の都市マチェラータに生まれた．1578年，東アジアへの布教のためにポルトガルを発ち，ゴアを経由して1582年に布教の拠点マカオに到着した．以後，中国本土を北上し，ペキン（北京）に入ったのは1601年のことであった．

その途上のチャオチン（肇慶）では初めて，中国の人々のもとめに応じて漢訳世界図—1584年の山海輿地図—を作った．その後もいくつか世界図を作ってはいるが，当初は必ずしも熱心ではなかった．しかし，布教のためには西洋文化が優れていることを示すことが重要と考え，しだいに積極的になっていった．こうして，1602年，それまでの簡略な世界図とはうってかわって，大型で精細な坤輿万国全図を作成したのである．

■ 坤輿万国全図とその意義

この図は6幅からなる大型の木版図で，中央にアピアヌス図法による長円形の世界図が描かれ，周囲には左端の上下に南北両半球図，右端の上下に九重天図と天地儀が副えられている．世界図は，16世紀末ヨーロッパのオルテリウス，メルカトル，プランシウスなどの世界図を原図として漢訳したものだが，大きな改訂を加えている点が注目される．

その第1は，中央経線の変更である．原図では中央経線が大西洋にあるため，中国が世界の東端にきてしまう．これでは中華思想をもつ人々には受け容れがたいので，無用の抵抗を避けるために，中国が世界の中心にくるように中央経線を太平洋においたのである．

第2は東アジア部分の改訂である．中国にいれば，東アジアに関しては正確で詳しい地理的知識が得られ，また東アジアで活動しているイエズス会士たちの収集した地理情報も入手できた．これによって，東アジア部分を改訂することができたのである．ユーラシア大陸と日本列島に囲まれた海域の出現と命名も，その成果の1つである．

■ 中国・朝鮮・日本の影響

坤輿万国全図は，大航海時代以来ヨーロッパが蓄積してきた地理的知識を一挙に中国にもたらした．この新しい世界観は，『月令広義』や『三才図会』など多くの書籍に引用されて歓迎された．しかし，清朝の乾隆帝の時代になると，むしろ伝統的世界観へ回帰してしまう．また，早くも朝鮮には刊行の翌年にこの図が伝えられているが，一部の実学派には受容されたものの，強固な儒教社会には広く浸透することはなかった．

一方，日本では写本やその系統の世界図が相継いであらわれ，世界図の主流の1つ，マテオ・リッチ系を形成した．日本への伝来時期は明らかではないが，直接間接に影響を受けた図は17世紀中頃から認められる．18世紀末になると，水戸藩の儒者長久保赤水によってその系統の地球万国山海輿地全図説が作られ，版を重ねて社会に受け容れられた．しかも，その模倣図も多数刊行され，マテオ・リッチ系世界図を幕末まで存続させることになった．

〔青山宏夫〕

文　献

平川祐弘（1969, 1997, 1997）：マッテオ・リッチ伝 1～3巻，平凡社（東洋文庫）．
船越昭生（1970）：『坤輿万国全図』と鎖国日本．東方学報，41号，pp. 595-710.
青山宏夫（1993）：日本海という呼称の成立と展開，環日本海地域比較史研究，2号，pp. 47-68.

図 1 坤輿万国全図（1602 年，168〜169×62〜63 cm（1幅あたり），宮城県図書館蔵）

31. 都市の表象
―ルネサンスと都市景観図―

ルネサンスと都市図

　古代・中世ヨーロッパにおける都市表象としての都市図は，モザイク画や写本中のスケッチ図の形で若干の残存例はあるが，都市図が大量に作成，流布するのはルネサンス以降である．そのさきがけとなったのが図1の「鎖につながれたフィレンツェ図」である．F. ロッセッリ（Francesco Rosselli）が1485年に作成した大型の景観図で，ルネサンス期フィレンツェの相貌を巧みに伝えている．

　絵画的には，遠景にトスカーナの自然，中景に都市フィレンツェ，近景に人間という構図として分析可能である．もっともテーマはあくまで中景にあり，アルノ川を挟んで右岸に旧市街，左岸に新市街がそれぞれ市壁を巡らし，前者の焦点はF. ブルネレスキ（Filippo Brunelleschi）が完成した大聖堂円蓋，後者のそれはピッティ宮殿となっている．画面右下の作者ロッセッリとおぼしき人物が，仮想の丘陵上からスケッチした低視点の鳥瞰図様式のため，市中の街路は消えて建物は階段状表現となっている．また額縁となっている鎖と左上の錠は，ロレンツォ・ディ・メディチの独裁，あるいは逆にパッツィ陰謀事件やその後のナポリ軍進入という，フィレンツェの政治的危機の隠喩と解されている．

　こうした一枚図としての都市景観図から，D. H. シューデル（D. Hartman Schedel）の『世界（ニュルンベルク）年代記』（1493年），S. ミュンスター（Sebastian Münster）の『コスモグラフィア』（1544年）などに所載された類型的都市イラストを経て，ブラウン＝ホーヘンベルフ（Georg Braun & Frans Hogenberg）の『世界諸都市（世界都市アトラス）』に至って近世都市図が集大成されることになる．

『世界諸都市』の誕生

　ブラウンは，ケルン在住のカトリック聖職者であると同時に人文主義者でもあり，1566～1568年のアントウェルペン滞在中にオルテリウスなどとの知遇を得ているので，その折りに『世界諸都市』の着想を得たといわれる．一方，ホーヘンベルフは技術者としてオルテリウスの『世界劇場』初版（1570年）の彫版を担当したが，カルヴァン派のためケルンへ移住した．このように両者の接点はオルテリウスにあり，『世界劇場』をモデルに『世界諸都市』が構想されていった．それは1572年に出版され，構成もヨーロッパ117，アジア8，アフリカ11，アメリカ2の総計138都市を59シートに収録するもので，まさに『世界劇場』の姉妹編となっている．その巻頭が図2のロンドン図である．1553～1559年にロンドンで刊行された大型銅版図を原図として縮小再彫版したものである．平面図の上に建物などを描き込み，一見して鳥瞰図風の印象を与える．また市壁に囲まれたままのシティと左端のウエストミンスターが連担化し，テムズ川南岸が住宅や劇場で市街化されていくという近世的状況も読みとれる．ただ，前景の仮想丘陵上の男女は当時の風俗（衣装）を示し，左上の王室紋章，右上の市章と共に『世界諸都市』の典型的なスタイルを示している．

　当初はこの巻だけの予定であったが，ブラウンのもとに各地から都市図が寄せられ，それらを収録するために第2巻から第6巻（1617年）までが追加刊行された．このため45年間にわたる長期プロジェクトとなり，全6巻，363シート，562図からなる大世界都市アトラスが完成した．もっとも第2巻以降はパトロンの王侯や原図提供者との関係から，収録図のほとんどをヨーロッパ都市図が占めることになる．たとえばデンマークのクリスティアン4世に献呈された第4巻は北欧諸都市図

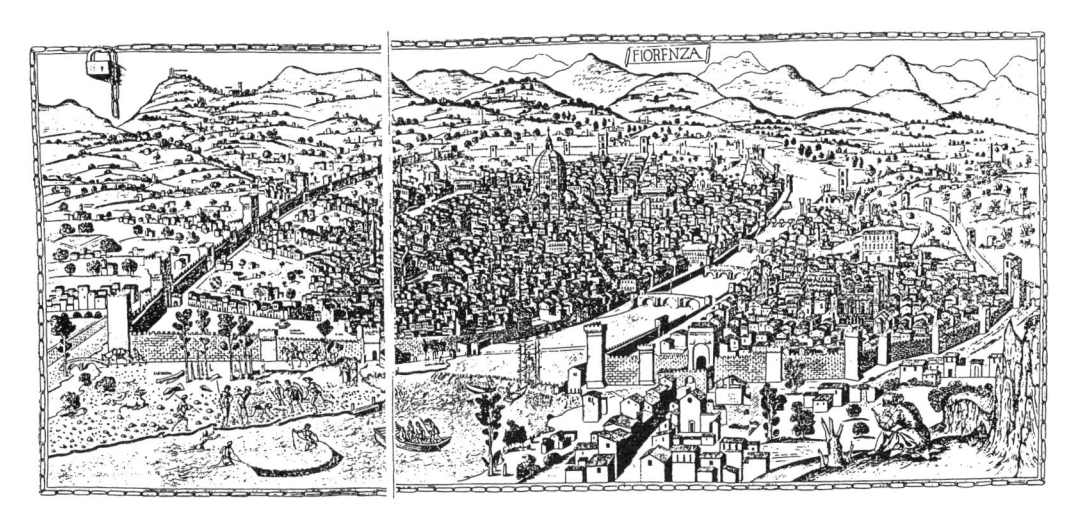

図 1 「鎖につながれたフィレンツェ図」(1485 年)

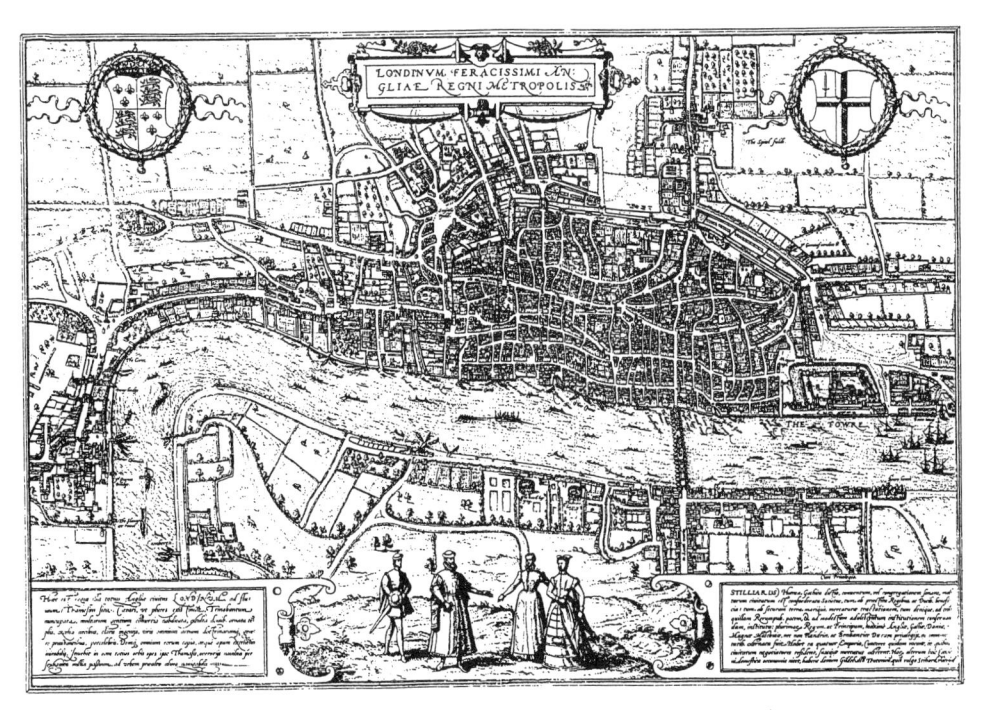

図 2 ロンドン図（ブラウン＝ホーヘンベルフ『世界諸都市』）

31. 都市の表象

が，ボヘミア王フェルディナンドに捧げられた第6巻は東欧諸都市図がそれぞれ中心になっており，構成や内容的に「世界」を標榜できるのは第1巻のみといえる．なお，各巻の冒頭には都市を表象する図像がタイトルページとして付され，図3に示す第3巻のそれは都市計画の7要素（平和，調和，繁栄，公正，安全，公共，従順）の寓意となっている．

都市図の類型

収録された都市図の類型は，大きく4タイプに区分される．上記ロンドン図のような，垂直視点からの平面図を基礎にしたタイプは，パリ，ブリュッセルなどの大都市に多い．もっとも，オランダの測量者J.ファン・デーフェンテル（Jacob van Deventer）が多数の精緻な都市平面図を原図として寄せているため，デルフト，ライデンなどのようなオランダ都市でも見られる．つぎに地上の視点から立体的に描く側面景観図は，図4のナイメーヘン図が典型的な事例である．ワール（ライン）川の対岸から望む市内は，宮殿（要塞）と教会を2つの焦点として建物が描き込まれ，画家フェルメールの「デルフトの眺望」を彷彿とさせる構図である．

これら両タイプの中間にあたる，斜め上空の視点からの鳥瞰図も，多くの都市図に採用される様式である．図5のフランクフルト図は，図1のフィレンツェ図とほぼ同一の構図と見なされる．ただ図5の方がより視点が高く，市内の街路が浮び上がっている．さらに，ブラウンに情報を提供し続けた放浪の画家J.フフナーヘル（Joris Hoefnagel）の都市風景画も独自の類型を主張している．図6のポワティエ図では，都市は後景ないしは点景として退き，むしろ遺跡観光地としての「ドルイド石」が脚光を浴びて，ブラウンの署名（落書き）も見いだされる．こうしたフフナーヘル型タイプは，オックスフォード，ベネチア，トレド（スペイン）などの「都市図」として収録されたのである．

近世都市図の意味

以上のように，全体として近世ヨーロッパでは，諸都市が絵画的描写から科学的測量の間で多様な表象をされ，またそれがヨーロッパ社会に広範に流布していった．企画者ブラウン自らが『世界諸都市』第3巻の序文で，「あらゆる危険のない自分の家に居ながらにして，素晴らしいさまざまな都市や城塞を満載し，それらが世界を通じて統一的な形式にまとめてあるこうした書物を熟覧すること，あるいは地図を見たりそれに関する解説を読みながら，長く困難な旅なしではほとんど得られないような情報を獲得すること，これらに勝る愉しみがありえようか」と述べるように，これら都市図が実用と同時に，というよりむしろ視覚的愉しみを優先して意図されていたことが明白である．さらに受容サイドでも，イギリスの文人R.バートン（Robert Burton）が『憂鬱の解剖』（1621年）で，「憂鬱を癒すには美しいものを眺めるに限る．……オルテリウスやメルカトル，ホンディウスたちの精緻な地図を眺めること以上に，大きな愉しみがありえようか？　またブラウンとホーヘンベルフによって描かれた都市についてのこうした書物を熟覧するに勝る愉しみがありえようか？」と語っているのは，まさにブラウンに呼応した姿勢である．またブラウンの要請に応じて，多数の都市図がヨーロッパ各地から編集・刊行地，ケルンへ送られてきた事実も見逃せない．

絵画と地図の混沌のなかで表象された近世都市図像の意味を再吟味すると同時に，知識の大衆化時代を迎えつつあった後期ルネサンスにおける，作成者と受容者の社会的コンテクストをより深く解明することも，今後の課題である．

〔長谷川孝治〕

文　献

J. ゴス著, 小林章夫監訳(1992)：ブラウンとホーヘンベルフのヨーロッパ都市地図：16世紀の世界, 同朋舎出版.

R.A. スケルトン著, 長谷川孝治訳 (1994)：16世紀世界都市図集成, 柏書房.

G. Braun & F. Hogenberg (repr. 1996): *Civitates orbis terrarum*, Cleveland.

図 3 ブラウン=ホーヘンベルフ『世界諸都市』第 3 巻タイトルページ

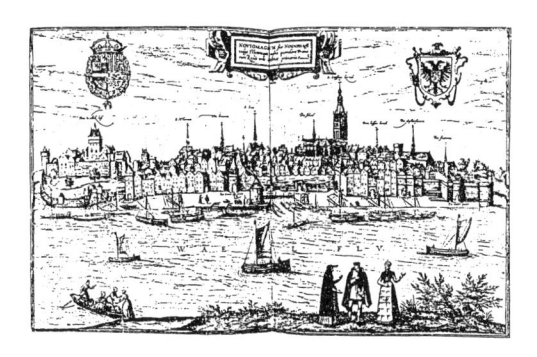

図 4 ナイメーヘン図（ブラウン=ホーヘンベルフ『世界諸都市』）

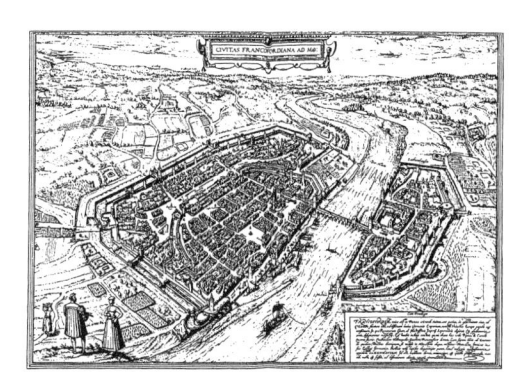

図 5 フランクフルト図（ブラウン=ホーヘンベルフ『世界諸都市』）

図 6 ポワティエ図（ブラウン=ホーヘンベルフ『世界諸都市』）

31. 都市の表象　99

32. 近代アトラスの思想
―メルカトル『アトラス』の意味―

　A. オルテリウス（Abraham Ortelius）を嚆矢とする"アトラスの世紀"は，J. ブラウ（Joan Blaeu）の『大アトラス』（1663年）で大成するとされるが，近代アトラスの実質的な完成は，その書名が普通名詞化したように，G. メルカトルの『アトラス』にある．

『アトラス』への道程

　オルテリウスより15年前の1512年にネーデルラント（現ベルギー）のルペルモンド（Rupelmonde）で生まれたメルカトルは，父母の死後ルーヴェン大学に入学し，哲学と同時にG. フリシウス（Gemma Frisius）の下で数学と天文学を学んだ．その後，複心臓型世界図（1538年）やカリグラフィ冊子（1540年）の刊行，地球儀（1541年）と天球儀（1551年）の製作など多彩な活動を展開するが，ツウィングリ派プロテスタントであったために異端尋問を受け，1552年にクレーヴ公国のデュイスブルクに亡命した．したがって，メルカトルの主要業績は，後半生に集中することになり，大型ヨーロッパ図（1554年）などに続いて，もっとも有名な作品である図1の世界図（1569年）が出版された．
　それは18シートから構成される大型壁掛け地図で，経緯線が直交する正角円筒図法で展開される．また正式タイトル「航海用に適した新世界精図」に示されるように，多数の方位盤と方位線が記入された海図であったが，図的簡明さと政治的意図から現在に至るまで多用されることになった．情報の空白部に配置されたカルトゥーシュの中には，献辞と投影法（左上）をはじめ，アジア地誌（右上）や新大陸情報が散りばめられ，大航海時代の成果が地図上で集大成されている．もっとも南米大陸南端のマゼラン海峡対岸には，プトレマイオスの遺産である巨大な「未知の南方大陸」が横たわり，また右端には1島型の日本が付加されている．しかし北米大陸とユーラシア大陸の間は，アニアン海峡によって分断され，約170年後に確認されるベーリング海峡が予言されている．

『アトラス』の思想と構成

　周知のように『アトラス』はメルカトルの死の翌年，三男のルモルド（Rumold）によって刊行されるが，その構想はメルカトル自身が徐々に実現していった．そもそも近代アトラスの起源について，デュイスブルク市長の手になる『アトラス』の序文では，メルカトルの発想をオルテリウスが先取りして『世界劇場』を刊行し，前者は後者への友情のため自らのアトラスの刊行を見合わせたと記されている．事の真偽は別にして，両者の親密さはオルテリウスが当時のヨーロッパ知識人層の間を回覧して作成した『交遊録 Album Amicorum』の1葉（図2）からも推測できる．王室地理学者オルテリウスを世界至高の人物として賛美し，変わらぬ友情を誓っており，自らの肖像を刻ませている．もっとも，近代アトラスの発想が個人に帰せられるというより，ヨーロッパ社会とりわけ世界貿易の中心地であったアントウェルペンが渇望していたという方が妥当かもしれない．
　『アトラス』の長大な序論をなす「世界の創造と構造の書」は，1569年に出版された『年代学 Chronologia』に収録されており，またその第2部「ガリア地図集」と第3部「低地ベルギー地図集」，第4部「ゲルマニア地図集」は1585年，第5部の「イタリア，スラボニアおよびギリシャ地図集」は1589年にそれぞれ刊行されていた．したがってルモルドは，未刊行であったイギリス，北欧，東欧の地図集を「別地域の地図集」として付加し，世界地図集としての形式を整えたのである．
　よく知られたタイトルページ（図3）は，書名の

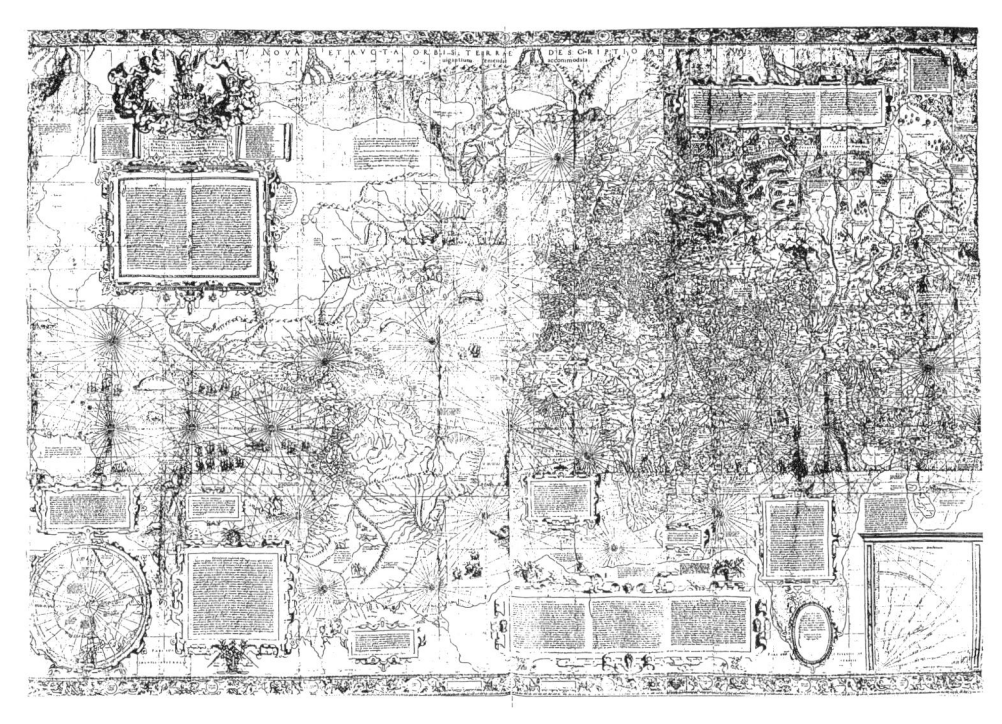

図1　メルカトル世界図（1569年）

図2　メルカトルのオルテリウス賛辞（『交友録』）

図3　『アトラス』タイトルページ

32．近代アトラスの思想

上にアトラス像を描いているが，この人物は序文に明記されているようにギリシャ神話のアトラスではなく，ローマ時代の歴史家ディオドロス（Diodorus）の記述に依拠した，最初に地球儀を作製したとされるモーリタニア（現モロッコ，アルジェリア）王のアトラスである．このように歴史的根拠に基づくタイトルページと，旧約聖書とプトレマイオス的世界観が混在する序論のあとに，上記のような5部構成の世界地図帳が展開していく．しかし，かろうじて「世界」の形式を保っているのは，第1部の最初に世界図，4大陸図，北極図の5図が挿入されたためであり，計107葉の残余はすべてヨーロッパ地域図である．しかも図4に示すように，世界図はメルカトル図法によるものではなく，両半球図となっている．これはルモルドが作成し，1587年にジュネーブで出版された図で，地誌情報は図1と同じであり，ルモルド自身の主張を垣間見ることができる．

『アトラス』はこのあと1602年に第2版が刊行されるものの，ルモルドの死後に銅板がJ. ホンディウス（Jodocus Hondius）へ譲渡され，さらにその後，女婿のJ. ヤンソニウス（Jan Janssonius）が相続して，メルカトル＝ホンディウス＝ヤンソニウス版として1641年まで改訂増補を続けた．もっとも1630年代からはより詳細かつ豪華なブラウ家アトラスの台頭によって，主役の座を譲ることになった．　　　　　　　　　〔長谷川孝治〕

文　献

Museum Plantin-Moretus en Stedelijk Prentenkabinet (ed.) (1994): *Gerard Mercator en de zuidelijke Nederlanden*, Antwerpen.

M. Watelet (ed.) (1994): *Gerard Mercator Cosmographie*, Antwerpen.

G. Mercator (2000): *Atlas sive Cosmographicae Meditationes de Fabrica Mundi et Fabricati Figura* (2 CD-Roms), Washington.

N. Crane (2002): *Mercator ; The Man Who Mapped the Planet*, London.

A. Taylor (2004): *The World of Gerard Mercator*, London.

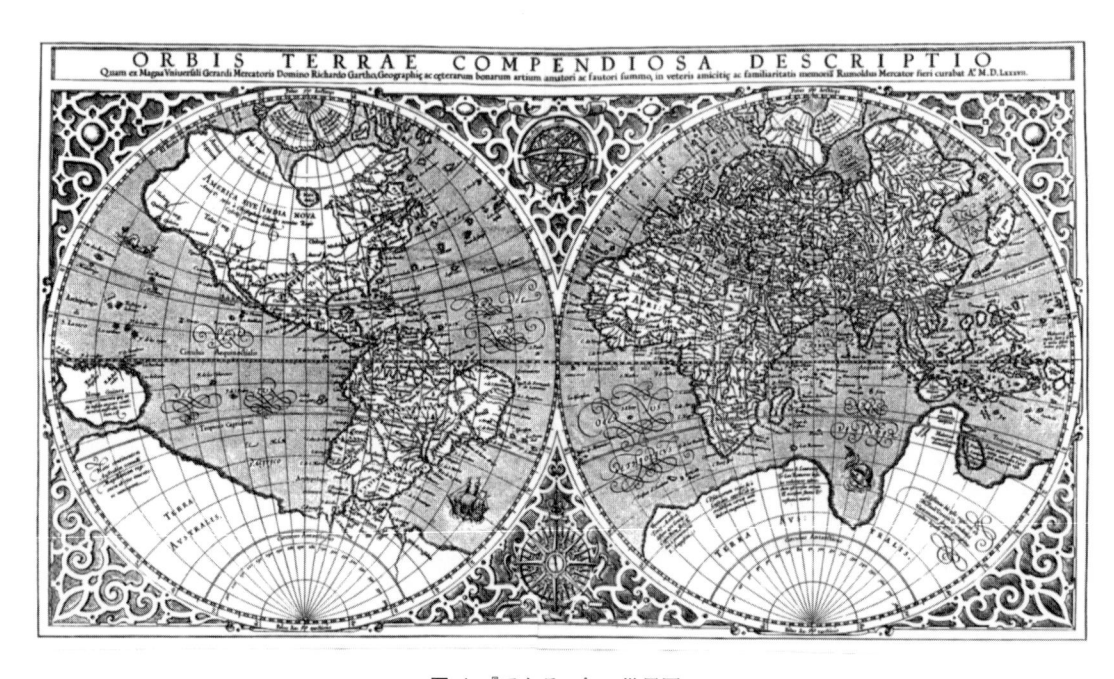

図4　『アトラス』の世界図

参 考 文 献

* 1990 年以降刊行の主要単行本を，発行年次順に配列．

和 書

1. R. B. パリーほか著，正井泰夫監訳 (1990)：世界地図情報事典，原書房．
2. 川村博忠 (1990)：国絵図，吉川弘文館．
3. 堀 淳一ほか (1990)：地図の記号論，批評社．
4. 深井甚三 (1990)：図翁 遠近道印，桂書房．
5. R. A. スケルトン著，増田義郎・信岡奈生訳 (1991)：図説 探検地図の歴史，原書房．
6. 小野寺 淳 (1991)：近世河川絵図の研究，古今書院．
7. 荘園絵図研究会編 (1991)：絵引 荘園絵図，東京堂出版．
8. J. ゴス著，小林章夫監訳 (1992)：ブラウンとホーヘンベルフのヨーロッパ都市地図―16 世紀の世界―，同朋舎出版．
9. J. ゴス著，小林章夫監訳 (1992)：ブラウの世界地図―17 世紀の世界―，同朋舎出版．
10. M. マーティン編，井上 健監訳 (1992)：ジョン・タリスの世界地図―19 世紀の世界―，同朋舎出版．
11. 川村博忠 (1992)：近世絵図と測量術，古今書院．
12. 桑原公徳 (1992)：歴史景観の復元―地籍図利用の歴史地理―，古今書院．
13. 長久保光明 (1992)：地図史通論，暁印書館．
14. 矢守一彦 (1992)：古地図への旅，朝日新聞社．
15. W. ジョージ著，吉田敏治訳 (1993)：動物と地図，博品社．
16. R. T. フェル著，安藤徹哉訳 (1993)：古地図にみる東南アジア，学芸出版社．
17. 網野善彦ほか (1993)：講座日本荘園史 6 北陸地方の荘園・近畿地方の荘園 1，吉川弘文館．
18. 地図資料編纂会編 (1993)：19 世紀欧米都市地図集成 第 1 集・第 2 集，柏書房．
19. 佐藤甚次郎 (1993)：神奈川県の明治期地籍図，暁印書館．
20. 久武哲也・長谷川孝治編 (1993)：改訂増補 地図と文化，地人書房．
21. J. キーガン編，滝田 毅ほか訳 (1994)：第二次世界大戦歴史地図，原書房．
22. G. ブラウン・F. ホーヘンベルフ編 (1994)：16 世紀世界都市図集成 第 1 集・第 2 集 (復刻版)，柏書房．
23. C. ベイリー編，中村英勝ほか訳 (1994)：イギリス帝国歴史地図，東京書籍．
24. 足利健亮編 (1994)：京都歴史アトラス，中央公論社．
25. 大塚 隆編 (1994)：慶長昭和京都地図集成，柏書房．
26. 平凡社編 (1994)：地図で知る東南・南アジア，平凡社．
27. M. ギルバート著，滝川義人訳 (1995)：ホロコースト歴史地図，東洋書林．
28. 籠瀬良明 (1995)：北方四島・千島・樺太，古今書院．
29. 西川 治監修 (1995)：アトラス日本列島の環境変化，朝倉書店．

30． 平凡社編（1995）：太陽コレクション　城下町古地図散歩1—金沢・北陸の城下町—，平凡社．
31． 若林幹夫（1995）：地図の想像力，講談社．
32． R. タルバート編，野中夏実ほか訳（1996）：ギリシア・ローマ歴史地図，原書房．
33． 海野一隆（1996）：地図の文化史，八坂書房．
34． 応地利明（1996）：絵地図の世界像，岩波書店．
35． 金田章裕ほか編（1996）：日本古代荘園図，東京大学出版会．
36． 佐藤甚次郎（1996）：公図，古今書院．
37． 堀　淳一（1996）：アジアの地図いまむかし，スリーエーネットワーク．
38． C. クーマン著，長谷川孝治訳（1997）：近代地図帳の誕生，臨川書店．
39． J. フィッシャー解説，小池　滋監訳（1997）：エリザベス女王時代のロンドン，本の友社．
40． 秋岡武次郎（1997）：日本地図史（復刊本），ミュージアム図書．
41． 小島宗治編（1997）：測天量地，清和出版社．
42． 平岡昭利編（1997）：九州—地図で読む百年—，古今書院．
43． J. カウアン著，小笠原豊樹訳（1998）：修道士マウロの地図，草思社．
44． 足利健亮（1998）：景観から歴史を読む，日本放送出版協会．
45． 上野明雄（1998）：地図で見る百年前の日本，小学館．
46． 織田武雄（1998）：古地図の博物誌，古今書院．
47． 佐久間達夫校訂（1998）：伊能忠敬測量日記　第1-6巻・別巻，大空社．
48． 東京地学協会編（1998）：伊能図に学ぶ，朝倉書店．
49． 日本国際地図学会編（1998）：地図学用語辞典　増補改訂版，技報堂出版．
50． 山下和正（1998）：地図で読む江戸時代，柏書房．
51． 秋月俊幸編（1999）：日本北辺の探検と地図の歴史，北海道大学図書刊行会．
52． 海野一隆（1999）：地図に見る日本，大修館書店．
53． 尾崎幸男（1999）：地図のファンタジア，河出書房新社．
54． 桑原公徳編著（1999）：歴史地理学と地籍図，ナカニシヤ出版．
55． 祖田浩一（1999）：江戸切絵図を読む，東京堂出版．
56． 竹内慎一郎（1999）：地図の記憶—伊能忠敬・越中測量記—，桂書房．
57． 渡辺一郎（1999）：伊能忠敬の歩いた日本，筑摩書房．
58． 足利健亮先生追悼論文集編纂委員会編（2000）：地図と歴史空間，大明堂．
59． 奥野中彦編（2000）：荘園絵図研究の視座，東京堂出版．
60． 渡辺一郎（2000）：図説　伊能忠敬の地図をよむ，河出書房新社．
61． 海野一隆（2001）：ちずのこしかた，小学館スクエア．
62． 大阪人権博物館編（2001）：絵図の世界と差別民，大阪人権博物館．
63． 小澤　弘（2001）：都市図の系譜と江戸，吉川弘文館．
64． 黒田日出男ほか編（2001）：地図と絵図の政治文化史，東京大学出版会．
65． 高山　宏ほか（2001）：鳥瞰図絵師の眼，INAX出版．
66． 竹崎嘉彦・祖田亮次（2001）：広島原爆デジタルアトラス，広島大学総合地誌研究資料センター．
67． 長岡　篤（2001）：日本古代社会と荘園図，東京堂出版．
68． 小澤　弘（2002）：都市図の系譜と江戸，吉川弘文館．
69． 川村博忠（2002）：寛永十年巡見使国絵図，柏書房．
70． 日本国際地図学会（2002）：伊能図，武揚堂．

71. 水本邦彦（2002）：絵図と景観の近世，校倉書房．
72. T. ウィニッチャクン著，石井米雄訳（2003）：地図がつくったタイ，明石書店．
73. N. J. W. スロワー著，日本国際地図学会監訳（2003）：地図と文明，表現研究社．
74. J. ブラック著，金原由紀子訳（2003）：図説 地図でみるイギリスの歴史，原書房．
75. 海野一隆（2003）：東西地図文化交渉史研究，清文堂出版．
76. 川村博忠（2003）：近世日本の世界像，ペリカン社．
77. 下坂 守（2003）：描かれた日本の中世，法蔵館．
78. 蘆田文庫編纂委員会編（2004）：蘆田文庫目録 古地図編，明治大学人文科学研究所．
79. 海野一隆（2004）：東洋地理学史研究，清文堂出版．
80. 三好唯義・小野田一幸（2004）：図説 日本古地図コレクション，河出書房新社．
81. 国絵図研究会編（2005）：国絵図の世界，柏書房．

洋　書

1. D. Buisseret (ed.) (1990): *From sea charts to satellite images*, University of Chicago Press.
2. K. Nebenzahl (1990): *Maps from the age of discovery*, Times Books.
3. S. Berthon & A. Robinson (1991): *The shape of the world*, Rand McNally.
4. P. Allen (1992): *The atlas of atlases*, Harry N. Abrams.
5. D. Buisseret D. (ed.) (1992): *Monarchs, ministers, and maps*, University of Chicago Press.
6. J. B. Harley & D. Woodward (ed.) (1992): *The history of cartography, Vol. 2, bk1 : Cartography in the traditional Islamic and South Asian societies*, University of Chicago Press.
7. M. S. Pedley (1992): *Bel et utile ; The work of the Robert de Vaugondy family of mapmakers*, Map Collector Publcations.
8. W. Ravenhill (intro.) (1992): *Christopher Saxton's 16th century maps*, Chatsworth Library.
9. T. Suarez (1992): *Shedding the veil*, World Scientific.
10. P. Barber & C. Board (1993): *Tales from the map room*, BBC Books.
11. J. Goss (1993): *The mapmaker's art*, Studio Editions.
12. P. D. A. Harvey (1993): *Maps in Tudor England*, British Library.
13. R. W. Karrow Jr. (1993): *Mapmakers of the sixteenth century and their maps*, Speculum Orbis Press.
14. O. I. Norwich (1993): *Maps of Southern Africa*, Jonathan Ball.
15. J. B. Harley & D. Woodward (ed.) (1994): *The history of cartography, Vol. 2, bk2 : Cartography in the traditional East and Southeast Asian societies*, University of Chicago Press.
16. P. Whitfield (1994): *The image of the world*, Pomegranate Artbooks.
17. R. J. P. Kain & R. R. Oliver (1995): *The tithe maps of England and Wales*, Cambridge University Press.
18. A. Postnikov (1996): *Russia in maps*, Nash Dom.
19. M. H. Edney (1997): *Mapping an empire*, University of Chicago Press.
20. E. Edson (1997): *Mapping time and space*, British Library.
21. J. B. Harley & D. Woodward (ed.) (1998): *The history of cartography, Vol. 2, bk3 : Cartography in the traditional African, American, Arctic, Australian, and Pacific societies*, University of Chicago Press.

22. M. van den Broecke, P. van der Krogt & P. Meurer (ed.) (1998) : *Abraham Ortelius and the first atlas*, HES.
23. M. Monmonier (1999) : *Maps with the news*, University of Chicago Press.
24. T. Suarez (1999) : *Early mapping of Southeast Asia*, Periplus.
25. P. Whitfield (2000) : *Mapping the world*, The Folio Society.
26. N. R. Kline (2001) : *Maps of medieval thought*, Boydell Press.
27. P. Laxton (ed.) (2001) : *The new nature of maps* ; *Essays in the history of cartography*, The Johns Hopkins University Press.
28. N. Crane (2002) : *Mercator : the man who mapped the planet*, Weidenfeld & Nicolson.
29. F. Relano (2002) : *The shaping of Africa*, Ashgate.
30. I. J. Barrow (2003) : *Making history, drawing territory* ; *British mapping in India, c. 1756-1905*, Oxford University Press.
31. D. Buisseret (2003) : *The mapmaker's quest*, Oxford University Press.
32. N. Miller (2003) : *Mapping the city*, Continuum.
33. M. S. Pedley (2005) : *The commerce of cartography*, University of Chicago Press.

索　　引

ア 行

アトラス　100
アトラス像　102
アピアヌス図法　94
アボリジニ　48, 50, 51
天橋立図　64, 66
麓絵図（あらえず）　8
アル・イドリーシー　52
アル・ビールーニー　52

イクリーム図　54
池田新市街平面図　86
犬追物　40
伊能忠敬　74
イブン・ハルドゥーン　52
忌宮神社境内絵図（いみのみやじんじゃけいだいえず）　66
インドシナ半島　24

窺絵図（うかがいえず）　8
伺絵図（うかがいえず）　8
禹跡図（うせきず）　18
海野一隆　12

絵図　48, 51
越後国荒河保上土河・奥山荘桑柄堺相論和与絵図　6
越前国足羽郡道守村開田地図　60
絵解き　42
江戸幕府撰国絵図　4, 8
江戸幕府撰日本絵図　4, 12
江戸名所図会　72
沿海地図　74

オイクーメネー　88
小笠原長義　38
小川琢治　54
小浜城下　10
オルテリウス　4, 94

カ 行

外邦図　16, 82
春日講　36
春日社　36
春日宮曼荼羅　36
カタラン・エステ図　56

金沢文庫蔵日本図　2
川村博忠　12
寛永国絵図　14
寛永日本図　12
観光案内　44
勧進聖　42
官版実測日本地図　76
寛文元年刊日本図　4

記号体系　48
金正浩　20
九州図　14
行基　2
行基図　2
清絵図（きよえず）　8
切絵図　70

鎖につながれたフィレンツェ図　96
国絵図　8
クリマータ　54
クロウフォード　24
鍬形蕙斎　78
郡縣図　20, 22
軍用地図　18

経緯線　24
経世大典地里図　54
慶長国絵図　14
慶長図　8
慶長日本図　12
元史天文志　52
原初的祖先　48
建長寺塔頭・正統庵　38
元禄図　8

郊外　86
航海用に適した新世界精図　100
航程線　92
興福寺　36
幸福諸島　88
広興図　54
五雲亭貞秀　78
国土図　18
国境線　27
混一彊理歴代国都之図（こんいつきょうりれきだいこくのず）　4, 54
坤興万国全図（こんよばんこくぜんず）　94

サ 行

西国三十三所観音巡礼　42
酒井忠勝　8
山海興地図　94
三角測量　26
参詣曼荼羅　42

四至牓示図（しいしぼうじず）　6
自然観　20
自然景観　48
下絵図　8
実測地図　26
寺内町　46
シベリア地図帳　28
シーボルト　76
シャム　24
拾芥抄（しゅうがいしょう）　2
宗教儀礼　48, 50
輯製（しゅうせい）20万分1図　76
住宅地平面図　86
守護所　64
首長国　26
荘園支配関係絵図　6
荘園図　60
正保図　8
正保日本図　4
条里地割　60, 62
植民地　82
植民地経営　16
城絵図　8
信仰　36
新訂万国全図　78
新板摂津大坂東西南北町嶋之図　70

水系　18
推定・考証図　66
図形の照合　14

成人儀礼　48
世界観　48
世界劇場　4, 78
世界諸都市　78, 96
世界風景　56
雪舟　64
摂津職嶋上郡水無瀬荘図　62
施無畏寺　42
芹沢銈介（せりざわけいすけ）　84

索　　引　　107

相論絵図　6
存統　34

タ 行

大東興地図　20
タイトルページ　98, 100
大日本沿海実測図　74
大日本沿海実測録　74
大日本沿海輿地全図　78
大日本帝国　82
多気古図　68
旅（観光）　84

地球万国山海輿地全図説　94
地形測量　26
地籍図　64
地族　48
道守村開田地図（ちもりむらかいでんちず）　60
チャオプラヤ川　24
中国東海外藩籬日本行基図　4
中世の東海道　40
朝鮮全図　20
地理学　88

摘田　40
鶴見川　40

TOマップ　32
T型十字　56
帝国　16
テイセラ　4
鉄道　84
天保図　8
天文方　74

東大寺開田図　60, 62, 63
東大寺山堺四至図　60
都市図　92
都市認識　66
トーテム　48, 50

ナ 行

長久保赤水　94
長門国府　66
那智　42
南瞻部洲（なんせんぶしゅう）　32
南瞻部洲大日本国正統図　2
南瞻部洲万国掌菓之図　34

20万分1帝国図　76
日本総図　12
日本辺界略図　76
仁和寺蔵日本図（にんなじぞうにほんず）　2

野畠　40

ハ 行

パヴィ　26
春の風景　36

控絵図　8
備中国足守荘絵図　6
秘密測量　16
ピョートル1世　30

ファン・デーフェンテル　98
風水　20
風水図　22
武州豊嶋郡江戸庄図　70
府中　64
プトレマイオス　52, 88
フフナーヘル　98
ブラウン＝ホーヘンベルフ　96
フラ・マウロ　58
プランシウス　94
ブリタンニア　88
フロンティア　26
文化景観　48

ヘリフォード図　56

方位盤　92
方格線図　60, 62
放馬灘図　18
ポルトラーノ　92
ポルトラーノ海図　24
ボローニャ版　90

マ 行

マッカーシー　26
マッパエムンディ　52, 56

三島大社神主・東太夫　38
箕面有馬電気軌道（みのうありまでんききどう）　86
脈　20
都記　70

都名所図会　72
明恵上人　44
妙本寺蔵日本図　2
民芸　84
民芸運動　84

ムアン　26
武蔵国鶴見寺尾郷図　38
村形　8

名所　72
名所案内記　72
名所図会　72
メコン川　24
メナム川　24
メルカトル　90, 94, 100
メルカトル＝ホンディウス＝ヤンソニウス版　102

モレイラ　4
モレイラ系日本図　4

ヤ 行

山口　68
山口古図　68

邑誌　22

吉崎　46
吉田初三郎　78
輿地図（よちず）　2

ラ 行

羅針盤　92

陸地測量部　16
立券絵図　6
リッチ　94
臨時測量部　16

蓮如　46

ロシア科学学士院　28
ロシア地図帳　28
ロシア帝国総図　28

ワ 行

若狭敦賀之絵図　8

編著者略歴

長谷川孝治（はせがわ　こうじ）

1947年　大阪府に生まれる
1978年　京都大学大学院文学研究科博士課程単位修得退学
現　在　神戸大学文学部人文学科地理学専修・教授
　　　　文学修士

地 図 の 思 想　　　　　　　定価はカバーに表示

2005年10月5日　初版第1刷
2007年7月30日　　　第4刷

　　　　　　　　編著者　長 谷 川　　孝　　治
　　　　　　　　発行者　朝　倉　　邦　　造
　　　　　　　　発行所　株式会社　朝　倉　書　店
　　　　　　　　　　　東京都新宿区新小川町 6-29
　　　　　　　　　　　郵便番号　162-8707
　　　　　　　　　　　電　話　03(3260)0141
　　　　　　　　　　　FAX　03(3260)0180
〈検印省略〉　　　　　　　http://www.asakura.co.jp

Ⓒ 2005〈無断複写・転載を禁ず〉　　　中央印刷・渡辺製本

ISBN 978-4-254-16343-8　C 3025　　Printed in Japan

前筑波大 山本正三・元上武大 奥野隆史・筑波大 石井英也・筑波大 手塚　章編

人 文 地 理 学 辞 典

16336-0 C3525　　　　B 5 判 532頁 本体27000円

地理学は"計量革命"以降大きく変貌した。本書はその成果を，新しい地理学や人文主義的地理学などを踏まえ，活況を呈している人文地理の分野に限定，辞典として集大成した。地図・地理・工業・都市などの伝統的な領域から，環境・エネルギーをはじめとする新しい部門まで項目2000を厳選。専門家はもちろんのこと，一般読者にも"読める"ように，厳密・詳細でありながら，平明な記述を目指した。主要項目には参考文献も付し，さらなる検索に役立つように配慮した

日大 高阪宏行著

地理情報技術ハンドブック

16338-4 C3025　　　　A 5 判 512頁 本体16000円

進展著しいGIS（地理情報システム）の最新技術と多方面への応用を具体的に詳述。GISを利用する実務者・研究者必携の書。〔内容〕GISの機能性／空間的自己相関／クリギング／単・多変量分類／地理的可視化／地図総描／ジオコンピュテーション／マーケティング／交通／医療計画／リモートセンシング／モニタリング／地形分析／情報ネットワーク／GIS教育／空間データの標準化／ファイル構造／実体関連モデル／オブジェクト指向／データベースと検索・時間／TIGERファイル／他

帝京大 田辺　裕監訳

オックスフォード辞典シリーズ
オックスフォード 地理学辞典

16339-1 C3525　　　　A 5 判 384頁 本体8800円

伝統的な概念から最新の情報関係の用語まで，人文地理と自然地理の両分野を併せて一冊にまとめたコンパクトな辞典の全訳。今まで日本の地理学辞典では手薄であった自然地理分野の用語を豊富に解説，とくに地形・地質学に重点をおきつつ，環境，気象学の術語も多数収録。簡潔な文章と平明な解説で的確な定義を与える本辞典は，地理学を専攻する学生・研究者のみならず，地理を愛好する一般読者や，地理に関係ある分野の方々にも必携の辞典である。

地理情報システム学会編

地 理 情 報 科 学 事 典

16340-7 C3525　　　　A 5 判 548頁 本体16000円

多岐の分野で進展する地理情報科学（GIS）を概観できるよう，30の大項目に分類した200のキーワードを見開きで簡潔に解説。〔内容〕〔基礎編〕定義／情報取得／空間参照系／モデル化と構造／前処理／操作と解析／表示と伝達。〔実用編〕自然環境／森林／バイオリージョン／農政経済／文化財／土地利用／自治体／防災／医療・福祉／都市／施設管理／交通／モバイル／ビジネス他。〔応用編〕情報通信技術／社会情報基盤／法的問題／標準化／教育／ハードとソフト／導入と運用／付録

元広島大 村上　誠編

現 代 地 理 学 （改訂版）

16325-4 C3025　　　　A 5 判 208頁 本体2800円

現代地理学のテーマを厳選し解説した好入門書。〔内容〕地理学のあゆみ／地理学とフィールドワーク／地域区分／絵図／砂漠と水／高度帯／環境／かんな流し／孤立国／工業地域／アーバン・スプロール／中心地。演習問題，キイワードも付した

東京地学協会編

伊 能 図 に 学 ぶ

16337-7 C3025　　　　B 5 判 272頁 本体6500円

伊能忠敬生誕250年を記念し，高校生でも理解できるよう平易に伊能図の全貌を開示。〔内容〕論文（石山洋・小島一仁・渡辺孝雄・斎藤仁・渡辺一郎・鶴見英策・清水靖夫・川村博忠・金窪敏和・羽田野正隆・西川治）／伊能図総目録／他

日本国際地図学会編
日 本 主 要 地 図 集 成 （普及版）
　　　　　―明治から現代まで―

16345-2 C3025　　　　A 4 判 272頁 本体18000円

明治以降に日本で出版された主な地図についての情報を網羅。〔内容〕主要地図集成（図版）／主要地図目録（国の機関，地方公共団体，民間，アトラス，地図帳等）／主要地図記号／地図の利用／地図にかかわる主要語句／主要地図の年表／他

前東大 西川　治監修
アトラス日本列島の環境変化 （普及版）

16346-9 C3025　　　　A 3 判 202頁 本体23000円

過去100年余の日本列島の環境変化を地理情報システム等を駆使したカラー地図と説明文で解説。〔内容〕都市化／農地利用の変化／林野利用／自然生態系／水文環境／人口分布／鉱工業の発達／公共機関／交通／自然と人口／都道府県別の変化

上記価格（税別）は 2007 年 6 月現在